POR QUÊ?

MARIO LIVIO

POR QUÊ?

Tradução de
CATHARINA PINHEIRO

1ª edição

EDITORA RECORD
RIO DE JANEIRO • SÃO PAULO
2018

CIP-BRASIL. CATALOGAÇÃO NA PUBLICAÇÃO
SINDICATO NACIONAL DOS EDITORES DE LIVROS, RJ

L762p

Livio, Mario
Por quê? O que nos torna curiosos / Mario Livio; tradução de Catharina Pinheiro. — 1ª ed. — Rio de Janeiro: Record, 2018.
: il.

Tradução de: Why? What makes us curious
Inclui bibliografia e índice
ISBN 978-85-01-11454-9

1. Comportamento humano – Aspectos psicológicos. 2. Psicologia. 3. Ciência. I. Pinheiro, Catharina. II. Título.

18-48125

CDD: 155
CDU: 159.92

Leandra Felix da Cruz – Bibliotecária – CRB-7/6135

Copyright © Mario Livio, 2017

Publicado em acordo com a editora original, Simon & Schuster, Inc.

Título original em inglês: Why? What makes us curious

O autor e a editora Simon & Schuster gostariam de agradecer pela permissão concedida para a publicação do material iconográfico deste livro, conforme indicado nos créditos das imagens no encarte. Foram feitos todos os esforços possíveis e de boa-fé para contatar os detentores dos direitos autorais da arte e dos textos usados no livro, mas em alguns casos o autor não conseguiu localizá-los.

Todos os direitos reservados. Proibida a reprodução, armazenamento ou transmissão de partes deste livro, através de quaisquer meios, sem prévia autorização por escrito.

Texto revisado segundo o novo Acordo Ortográfico da Língua Portuguesa.

Direitos exclusivos de publicação em língua portuguesa para o Brasil adquiridos pela
EDITORA RECORD LTDA.
Rua Argentina, 171 – 20921-380 – Rio de Janeiro, RJ – Tel.: (21) 2585-2000,
que se reserva a propriedade literária desta tradução.

Impresso no Brasil

ISBN 978-85-01-11454-9

Seja um leitor preferencial Record.
Cadastre-se em www.record.com.br
e receba informações sobre nossos
lançamentos e nossas promoções.

EDITORA AFILIADA

Atendimento e venda direta ao leitor:
mdireto@record.com.br ou (21) 2585-2002.

Para minha mãe

Sumário

Prefácio	9
1. Curioso	13
2. Mais curioso	25
3. E mais curioso ainda	47
4. Curioso sobre a curiosidade: lacuna da informação	65
5. Curioso sobre a curiosidade: o amor intrínseco pelo conhecimento	87
6. Curioso sobre a curiosidade: neurociência	103
7. Breve história da origem da curiosidade humana	125
8. Mentes curiosas	141
9. Por que a curiosidade?	171
Epílogo	191
Notas	199
Bibliografia	219
Índice	239

Prefácio

SEMPRE FUI UMA PESSOA MUITO CURIOSA. ALÉM DOS MEUS INteresses profissionais como astrofísico na decifração do cosmo e de seus vários fenômenos, alimento uma paixão pelas artes visuais. Não tenho absolutamente nenhum talento artístico, mas reuni uma grande coleção de livros de arte. Também sou consultor de ciência da Orquestra Sinfônica de Baltimore (sim, isso existe), e participei de alguns dos seus concertos como apresentador das ligações entre a ciência e a música. Talvez a coisa mais excitante do meu ponto de vista tenha sido a minha participação na criação da "Hubble Cantata", uma peça da música clássica contemporânea da compositora Paola Prestini, acompanhada por um filme em realidade virtual, tudo inspirado em imagens feitas pelo Telescópio Espacial Hubble. Além disso, em um blog regular postado no *Huffington Post*, costumo ponderar informalmente sobre tópicos da ciência e da arte, e as intricadas conexões entre eles.

Não surpreende, portanto, que, já faz algum tempo, eu tenha ficado intrigado com as indagações *O que provoca a curiosidade?* e *Quais são os mecanismos por trás da curiosidade e da exploração?* Como essa não era a minha especialidade, precisei fazer uma ampla pesquisa, consultar inúmeros psicólogos e neurocientistas, discutir o assunto com diversos estudiosos de uma variedade de disciplinas e entrevistar um grande número de pessoas que eu acreditava serem excepcionalmente curiosas. Como resultado, tenho imensa dívida para com um sem-número de indivíduos sem os quais eu não poderia ter concluído este projeto. Embora seja inviável tentar agradecer a todos aqui, eu gostaria de ao menos demonstrar gratidão a um grupo de pessoas que me inspiraram profundamente e forneceram informações consideráveis para o meu trabalho. Agradeço a Paolo Galluzzi por uma conversa esclarecedora sobre Leonardo da Vinci e a Jonathan Pevsner por suas orientações tão úteis a respeito de Leonardo, e por me permitir usar sua vasta coleção de livros e artigos sobre ele. Agata Rutkowska foi uma guia maravilhosa na minha busca por desenhos específicos de Da Vinci na Royal Collection Trust. Já a Milton S. Eisenhower Library, da Universidade Johns Hopkins, colocou à minha disposição centenas de livros sobre uma imensa gama de disciplinas relevantes. Jeremy Nathans, Doron Lurie, Garik Israelian e Ellen-Thérèse Lamm me apresentaram a pessoas que deram entrevistas cruciais. Minha gratidão a Joan Feynman, David e Judith Goodstein, e Virginia Trimble pelas inestimáveis informações em primeira mão sobre Richard Feynman.

Jacqueline Gottlieb, Laura Schulz, Elizabeth Bonawitz, Marieke Jepma, Jordan Litman, Paul Silvia, Celeste Kidd, Adrien Baranes e Elizabeth Spelke me forneceram informações inestimáveis, em alguns casos antes mesmo da publicação, sobre seus projetos de pesquisa em uma série de áreas da psicologia e da neurociência, todos com o intuito de esclarecer melhor a natureza da curiosidade. Quaisquer erros que o livro possa conter a respeito da interpretação de seus resultados são exclusivamente meus. Jonna Kuntsi e Michael Milham me esclareceram sobre conceitos e possíveis conexões entre a curiosidade e o TDAH. Kathryn Asbury discutiu comigo as implicações de inúmeros estudos envolvendo gêmeos sobre a natureza da curiosidade. Suzana Herculano-Houzel me explicou detalhadamente seus estudos revolucionários sobre as partes do cérebro em geral e seu significado, além de ramificações para as propriedades únicas do cérebro humano em particular. Noam Saadon-Grossman me ajudou a navegar pela anatomia do cérebro. Quero expressar aqui a minha gratidão a Freeman Dyson, Story Musgrave, Noam Chomsky, Marilyn vos Savant, Vik Muniz, Martin Rees, Brian May, Fabiola Gianotti e Jack

Horner, por terem me concedido entrevistas fabulosamente interessantes e esclarecedoras sobre sua curiosidade pessoal.

Por fim, agradeço à minha maravilhosa agente, Susan Rabiner, pela motivação e pelos conselhos incansáveis. Agradeço ao meu editor, Bob Bender, pela leitura meticulosa do manuscrito e pelos comentários sagazes e atenciosos. A gerente geral Johanna Li, o designer Paul Dippolito, o copidesque Phil Metcalf e toda a equipe da Simon & Schuster mais uma vez demonstraram sua dedicação e profissionalismo na produção desta obra.

Não é preciso dizer que, sem a paciência e o apoio contínuo da minha esposa, Sofie, este livro jamais teria visto a luz do dia.

1.

Curioso

NÃO IMPORTA O TAMANHO, CERTAS HISTÓRIAS PODEM DEIXAR impressões duradouras. "A história de uma hora", conto muito curto da escritora do século XIX Kate Chopin, inicia-se com uma frase de grande impacto: "Sabendo-se que a senhora Mallard sofria de um problema cardíaco, foi tomado todo o cuidado para lhe dar o mais delicadamente possível a notícia da morte de seu marido."[1] A perda da vida e a fragilidade humana contidas em uma única frase potente. Em seguida, descobrimos que foi Richards, um grande amigo do marido, quem deu a má notícia depois de ter confirmado (por meio de um telegrama) que o nome de Brently Mallard estava no topo da lista de vítimas fatais de um acidente ferroviário.

Na trama de Chopin, a reação imediata da senhora Mallard é natural. Ao ouvir a triste mensagem da irmã Josephine, ela começa a chorar de imediato, em seguida retirando-se para o quarto com o pedido de ficar só. É lá, no entanto, que algo completamente inesperado acontece. Após algum tempo sentada, imóvel, choramingando, o olhar aparentemente fixo em um ponto distante do céu azul, a senhora Mallard começa a sussurrar uma palavra surpreendente para si mesma: "Livre, livre, livre!" Ao que se segue uma exclamação ainda mais exuberante: "Livre! Livre de corpo e alma!"

Quando finalmente abre a porta, atendendo às súplicas preocupadas de Josephine, a senhora Mallard aparece com um "triunfo febril nos olhos". Ela começa a descer calmamente as escadas, abraçada à cintura da irmã, enquanto o amigo de seu marido, Richards, aguarda-as na base da escadaria. É precisamente nesse momento que se ouve alguém abrir a porta da frente com uma chave, por fora.

A história de Chopin só contém mais oito linhas após esse ponto. Seríamos capazes de interromper a leitura aqui? Não é preciso dizer que, mesmo se quiséssemos, provavelmente não conseguiríamos — certamente não sem saber quem estava à porta. Como escreveu o ensaísta inglês Charles Lamb:[2] "Não há muitos sons na vida, e incluo aqui todos os sons urbanos e rurais, que provoquem mais interesse do que uma batida à porta." Eis o poder de uma história que prende a sua atenção com tamanha força que você nem sequer sonharia em resistir à atração.

A pessoa que entra na casa, como você deve ter imaginado, é Brently Mallard. Na verdade, ele estivera tão longe do local do acidente do trem que nem sabia do ocorrido. A descrição vívida do passeio na montanha-russa emocional que a temperamental senhora Mallard precisou suportar no transcorrer de apenas uma hora transforma a leitura do drama de Chopin em uma experiência intensa.

A última frase em "A história de uma hora" é ainda mais impactante do que a primeira: "Quando os médicos vieram, disseram que ela havia morrido de doença cardíaca — da alegria que mata." A vida interior da senhora Mallard permanece quase totalmente um mistério para nós.

O maior dom de Chopin, na minha opinião, é a sua capacidade única de provocar *curiosidade* praticamente a cada linha da sua prosa, mesmo em passagens que descrevem situações nas quais aparentemente nada acontece. Esse é o tipo de curiosidade que resulta dos arrepios que percorrem a espinha, algo um pouco parecido com a sensação que temos quando ouvimos obras musicais excepcionais. São pausas intelectuais sutis, carregadas de suspense, que constituem uma ferramenta necessária em qualquer narrativa envolvente, lição escolar, obra artística estimulante, videogame, campanha publicitária ou até uma simples conversa interessante. A história de Chopin inspira o que foi denominado curiosidade *empática* —[3] o ponto de vista que adotamos quando tentamos entender os desejos, as experiências emocionais e os pensamentos do protagonista, e quando suas ações nos perturbam incessantemente com a torturante pergunta: *Por quê?*

Outro elemento que Chopin usa com muita competência é o da surpresa. É uma estratégia garantida para atiçar a curiosidade por meio do aumento dos estímulos e da atenção. Joseph LeDoux,[4] neurocientista da Universidade de Nova York, e seus colegas conseguiram identificar os caminhos do nosso cérebro que são responsáveis pela reação à surpresa ou ao medo. Quando nos deparamos com o inesperado, o cérebro presume que alguma ação pode ser necessária. Isso resulta em uma rápida ativação do sistema nervoso simpático, com suas manifestações associadas conhecidas: aumento do ritmo cardíaco, transpiração e respiração profunda. Ao mesmo tempo, a atenção é desviada de outros estímulos irrelevantes e concentrada no elemento-chave urgente levado em consideração. LeDoux conseguiu mostrar que, na reação à surpresa, e particularmente ao medo, caminhos rápidos e lentos são ativados ao mesmo tempo. A via rápida vem diretamente do tálamo, responsável pela transmissão de sinais sensoriais, para a amígdala, um aglomerado de núcleos em forma de amêndoa que atribui significado afetivo e determina a reação emocional. A via lenta envolve um longo desvio entre o tálamo e a amígdala que passa pelo córtex cerebral, a camada externa do tecido nervoso que exerce um papel essencial na memória e no pensamento. Essa rota indireta permite uma avaliação consciente mais cuidadosa dos estímulos e de uma reação ponderada.

Há vários tipos de curiosidade — aquela coceirinha para descobrir mais. O psicólogo anglo-canadense Daniel Berlyne[5] colocou a curiosidade em um gráfico com dois eixos principais: um entre a curiosidade perceptiva e a epistemológica; e o outro entre a curiosidade específica e a geral. A curiosidade *perceptiva* é provocada por valores atípicos extremos, por estímulos novos, ambíguos ou confusos, e motiva a inspeção visual — pensemos, por exemplo, na reação das crianças asiáticas de uma vila remota ao se deparar com um caucasiano pela primeira vez. A curiosidade perceptiva costuma diminuir com a exposição continuada. O oposto à curiosidade perceptiva no esquema de Berlyne é a curiosidade *epistemológica*, o verdadeiro desejo pelo conhecimento (o "apetite pelo conhecimento", nas palavras do filósofo Immanuel Kant). Essa curiosidade tem sido o gatilho principal para todas as pesquisas científicas básicas e investigações filosóficas, e provavelmente foi a força por trás de todas as primeiras buscas espirituais. O filósofo do século XVII Thomas Hobbes chamou-a de "luxúria da mente", acrescentando que, "por uma perseverança do prazer na geração contínua e incansável do conhecimento", ele excede "a passageira veemência de qualquer prazer carnal", já que, ao satisfazê-lo, só quereremos mais. Hobbes via nesse "desejo de saber *por quê*" (ênfase nossa) a característica que distingue a humanidade de todos os outros seres vivos.[6] Aliás, como veremos no capítulo 7, foi essa capacidade exclusiva de perguntar "Por quê" que trouxe a nossa espécie aonde nos encontramos hoje. A curiosidade epistemológica é a curiosidade à qual Einstein se referiu quando disse a um de seus biógrafos: "Não tenho talentos especiais. Sou apenas um curioso apaixonado."[7]

Para Berlyne, a curiosidade *específica* reflete o desejo por uma informação em particular, como nas tentativas de completar uma palavra cruzada ou se lembrar do nome do filme que você viu na semana passada. A curiosidade específica pode levar investigadores a examinar problemas distintos a fim de entendê-los melhor e identificar possíveis soluções. Por fim, a curiosidade *geral* se refere tanto ao desejo incansável de explorar quanto à procura por novos estímulos com o intuito de se evitar o tédio. Hoje, esse tipo de curiosidade pode se manifestar quando checamos constantemente a nossa caixa de mensagens ou e-mails, ou na impaciência enquanto aguardamos o lançamento de um novo modelo de smartphone. Às vezes, a curiosidade geral pode conduzir à curiosidade específica, já que o comportamento da busca por novidades pode alimentar um interesse específico.

Embora as distinções de Berlyne entre os tipos diferentes de curiosidade tenham se mostrado extremamente proveitosas em vários estudos psicológicos, elas devem ser consideradas meramente sugestivas até alcançarmos uma compreensão mais ampla dos mecanismos por trás da curiosidade. Ao mesmo tempo, foram sugeridos alguns outros tipos de curiosidade, tais como a curiosidade empática já mencionada, que não se encaixam precisamente nas categorias de Berlyne. Há, por exemplo, a curiosidade *mórbida* resultante da bisbilhotice:[8] ela invariavelmente impele motoristas a reduzir a velocidade para examinar acidentes na estrada e está na origem da formação de grupos de pessoas ao redor de crimes violentos e incêndios. Esse é o tipo de curiosidade que supostamente gerou um número imenso de buscas no Google pelo chocante vídeo da decapitação do engenheiro britânico Ken Bigley no Iraque em 2004.

Além dos tipos diferentes em potencial, existem também níveis variados de intensidade que podemos associar a diversos gêneros de curiosidade. Às vezes, basta um fragmento de informação para satisfazer a curiosidade, como em alguns casos de curiosidade específica: quem disse que "A injustiça em qualquer lugar é uma ameaça à justiça em todos os lugares"? Em outros casos, a curiosidade pode levar alguém a uma jornada apaixonada que dura uma vida inteira, como ocorre quando a curiosidade epistemológica conduz à investigação científica: Como a vida na Terra surgiu e se desenvolveu? Também existem diferenças claras na curiosidade em termos de frequência da sua ocorrência, do nível de intensidade, do tempo que as pessoas estão dispostas a dedicar à exploração, e, de forma geral, da abertura e da preferência por novas experiências. Para uma pessoa, o aparecimento de uma garrafa antiga trazida pelas ondas na ilha de Amrum, na costa alemã do Mar do Norte, pode não passar de um símbolo em desintegração da poluição. Para outra, tal descoberta pode representar um vislumbre de um mundo mais antigo e fascinante. Uma mensagem em uma garrafa encontrada em abril de 2015 foi datada do período entre 1904 e 1906 — a mensagem engarrafada mais antiga de que se tem notícia.[9] Isso ocorreu como parte de uma experiência com o objetivo de estudar as correntes oceânicas.

Já Ed Shevlin, um agente sanitário de 22 anos da cidade de Nova York que cata lixo cinco manhãs por semana, tinha tanto interesse pela língua gaélica da Irlanda que se matriculou em um programa de mestrado da

Universidade de Nova York em cultura dos norte-americanos de ascendência irlandesa.[10]

Cerca de duas décadas atrás, um raro evento astronômico ilustrou belamente como alguns tipos supostamente distintos de curiosidade, tais como o evocado pela novidade e o que representa a sede pelo conhecimento, podem se combinar e alimentar uns aos outros para originar uma atração irresistível. Em março de 1993, um cometa antes desconhecido foi avistado orbitando o planeta Júpiter. Os descobridores eram caçadores de cometas veteranos, o casal de astrônomos Carolyn e Eugene Shoemaker, mais o astrônomo David Levy. Como aquele era o nono cometa periódico identificado pelo grupo, ele foi chamado de Shoemaker-Levy 9.[11] Uma análise detalhada da órbita sugeria que o cometa provavelmente fora capturado pela gravidade de Júpiter algumas décadas antes, e, durante uma aproximação catastrófica em 1992, fora dividido em pedaços devido a intensas forças (elásticas) de maré. A Figura 1 do encarte exibe uma imagem feita pelo telescópio espacial Hubble em maio de 1994 mostrando as cerca de duas dúzias de fragmentos resultantes, que seguiram o curso do cometa como um colar de pérolas brilhantes.

Uma grande excitação surgiu no mundo astronômico e fora dele quando simulações computacionais indicaram a probabilidade de os fragmentos colidirem com a atmosfera de Júpiter e penetrá-la em julho de 1994. Essas colisões são relativamente raras (embora um impacto desse tipo na Terra aproximadamente 66 milhões de anos atrás tenha sido extremamente trágico para os dinossauros), e nenhuma jamais fora diretamente testemunhada. Astrônomos do mundo inteiro aguardavam com grande ansiedade. Ninguém sabia, contudo, se os efeitos do impacto seriam visíveis na Terra, ou se os fragmentos seriam serenamente engolidos pela atmosfera gasosa de Júpiter como pequenos seixos em um enorme e imperturbado lago.

O impacto do primeiro bloco gelado era previsto para 16 de julho de 1994, e quase todos os telescópios da face da Terra e no espaço, inclusive o Hubble, estavam apontados na direção de Júpiter. O fato de que fenômenos astronômicos dramáticos raramente podem ser observados em tempo real (a luz leva muitos anos para se deslocar de inúmeros objetos de interesse até a Terra, mas apenas cerca de meia hora de Júpiter) deu ao evento um gostinho de "uma vez só na vida". Como não seria de se surpreender, portanto, um grupo de cientistas, inclusive eu, reuniu-se em torno de uma tela de computador quando os dados estavam prestes a ser transmitidos pelo telescópio (ver Figura 2 do encarte). O que cada um se perguntava era: veríamos alguma coisa?

Se eu tivesse que dar um título à Figura 2, sei exatamente qual seria: *Curiosidade!* Para sentir o apelo contagioso da curiosidade, tudo o que você precisa fazer é examinar a postura e as expressões faciais dos cientistas envolvidos. Assim que vi essa foto, no dia seguinte, ela me lembrou uma obra de arte extraordinária produzida quase quatrocentos anos antes: *A lição de anatomia do dr. Tulp* (Figura 3 do encarte), de Rembrandt.[12] A pintura e a foto são quase idênticas na maneira como capturam a emoção da curiosidade ardente. O que acho especialmente fascinante é o fato de que o foco de Rembrandt não está nem na anatomia do cadáver aberto sendo dissecado (ainda que os músculos e tendões tenham sido pintados com grande precisão) nem na identidade do homem morto (um jovem ladrão de casacos chamado Aris Kindt, enforcado em 1632), cujo rosto está parcialmente coberto por uma sombra. Em vez disso, o principal interesse de Rembrandt estava na representação precisa das reações individuais de cada um dos profissionais da medicina e aprendizes presentes na aula. Ele colocou a curiosidade em primeiro plano.

O poder da curiosidade se estende para além do que vemos como suas possíveis contribuições para a utilidade ou benefícios. Mostrou-se um impulso imbatível. Os esforços que os seres humanos dedicaram, por exemplo, à exploração e às tentativas de decifrar o mundo ao seu redor sempre excederam o que seria necessário para a mera sobrevivência. Parece que somos uma espécie eternamente curiosa — alguns de nós até compulsivamente. O neurocientista Irving Biederman, da Universidade do Sul da Califórnia, diz que os seres humanos foram feitos para ser "infovoros", ou criaturas que devoram informações.[13] De que outra forma explicaríamos os riscos que as pessoas às vezes correm para aliviar a comichão da curiosidade? O grande orador e filósofo romano Cícero interpretou o fato de Ulisses ter passado direto pela ilha das sereias como um esforço de resistir à atração da curiosidade epistemológica:[14] "Não era a doçura de suas vozes, nem a novidade e a diversidade de suas canções, mas suas declarações de conhecimento que costumavam atrair os viajantes que passavam; era a paixão pelo aprendizado que prendia os homens no litoral rochoso das sereias." O filósofo francês Michel Foucault descreve lindamente algumas características inerentes à curiosidade: "A curiosidade evoca 'cuidado'; ela evoca o cuidado que se adota em relação ao que existe e ao que pode existir; um senso aguçado de realidade, mas que jamais fica paralisado diante dela; uma predisposição a achar o que nos cerca de estranho e incomum; certa determinação a abandonar formas conhecidos de pensar e olhar para as mesmas coisas de forma diferente; uma paixão por capturar o que está acontecendo agora e o que está desaparecendo; uma falta de respeito pelas hierarquias tradicionais do que é importante e fundamental."[15]

Como veremos, as pesquisas modernas sugerem que a curiosidade pode ser essencial para o desenvolvimento apropriado de capacidades cognitivas e de percepção no início da infância. Também há poucas dúvidas de que a curiosidade continua sendo uma força poderosa para a expressão intelectual e criativa mais tarde na vida. Isso significa que a curiosidade é um produto direto da seleção natural? Se for, por que até questões aparentemente triviais às vezes nos deixam extremamente curiosos? Por que de vez em quando nos esforçamos para decifrar os sussurros de uma conversa na mesa ao lado em um restaurante? Por que achamos mais difícil não ouvir alguém falando ao telefone (quando ouvimos apenas metade da conversa) do que ouvir duas pessoas tendo um diálogo face a face? A curiosidade é completamente inata ou aprendemos a nos tornar curiosos? Por outro lado, os adultos perdem a curiosidade da infância? A curiosidade se desenvolveu ao longo dos 3,2 milhões de anos que separam Lucy — a criatura quase humana transicional cujos ossos foram encontrados na Etiópia — dos *Homo sapiens*, os humanos modernos? Quais processos psicológicos e estruturas dos nossos cérebros estão envolvidos na característica da curiosidade? Existe algum modelo teórico da curiosidade? Alguns transtornos do neurodesenvolvimento, como o TDAH, representam a curiosidade "sob o efeito de esteroides" ou apenas a curiosidade fazendo o seu trabalho?

Antes de mergulharmos seriamente nas pesquisas científicas sobre a curiosidade, decidi (pela minha própria curiosidade pessoal) fazer um rápido desvio para examinar de perto dois indivíduos que, do meu ponto de vista, representam duas das mentes mais curiosas que já existiram. Acredito que poucos discordariam dessa descrição de Leonardo da Vinci e do físico Richard Feynman. Os interesses ilimitados de Leonardo englobavam esferas tão amplas da arte, da ciência e da tecnologia que ele é considerado até hoje o epítome do homem renascentista. O historiador da arte Kenneth Clark chamou-o apropriadamente de "o homem mais incansavelmente curioso da história".[16] A genialidade e as realizações de Feynman em inúmeros ramos da física são lendárias, mas ele também se dedicou ao seu fascínio pela biologia, pela pintura, pelo arrombamento de cofres, pelo bongô, pelas mulheres atraentes e pelo estudo dos hieróglifos maias. Ele ficou conhecido entre o público geral como membro da comissão que investigou o desastre do ônibus espacial *Challenger* e pelos seus livros campeões de vendas, repletos de anedotas pessoais. Quando lhe pediram que identificasse o que considerava a principal motivação para as descobertas científicas, Feynman respondeu: "Ela está relacionada à curiosidade. Está relacionada a se perguntar o que leva algo a fazer algo."[17]

Sua frase ecoa o sentimento do filósofo francês do século XVI Michel de Montaigne, que estimulou seus leitores a explorar o mistério das coisas cotidianas. Como veremos no capítulo 5, experiências com crianças pequenas demonstraram que sua curiosidade com frequência é provocada pelo desejo de entender causas e efeitos em seu ambiente.

Não espero que sequer uma inspeção meticulosa das personalidades de Leonardo e Feynman necessariamente revele qualquer compreensão mais profunda da natureza da curiosidade. Inúmeras tentativas anteriores de detectar traços comuns de várias personagens históricas geniais,[18] por exemplo, expuseram nada além de uma diversidade surpreendente no que diz respeito às origens e às características psicológicas desses indivíduos. Consideremos os gigantes da ciência Isaac Newton e Charles Darwin. Newton destacava-se pela sua capacidade matemática inigualável, enquanto Darwin era admitidamente muito fraco em matemática. Mesmo dentro das classes dos maiores gênios de dada disciplina científica, parece haver um conjunto ambíguo de qualidades. O físico Enrico Fermi resolveu problemas muito difíceis aos 17 anos, enquanto Einstein desabrochou relativamente tarde. Isso não quer dizer que *todas* as tentativas de identificar algumas características em comum estejam fadadas ao fracasso. Na área da criatividade prodigiosa, por exemplo, o psicólogo Mihaly Csikszentmihalyi, da Universidade de Chicago, conseguiu revelar algumas tendências que parecem estar associadas à maioria das criaturas mais excepcionalmente criativas[19] (brevemente descritas ao final do capítulo 2). Assim, pensei que seria um exercício válido ao menos explorarmos se há algo nas personalidades fascinantes de Leonardo e Feynman que poderia nos dar uma pista da fonte da sua curiosidade insaciável. O ponto-chave para mim foi o fato de que, tendo ou não Leonardo e Feynman qualquer coisa em comum além da curiosidade, ambos se destacaram tanto em sua época pelo seu espírito de exploração que qualquer tentativa de ver as coisas do seu ponto de vista seria, sem dúvida, estimulante. Começo com Leonardo, que certa vez expressou elegantemente sua própria paixão pela compreensão ao afirmar: "Nada pode ser amado ou odiado antes de ser compreendido."

Aliás, caso você esteja curioso para saber se vimos alguma coisa quando o primeiro fragmento do cometa Shoemaker-Levy 9 atingiu a atmosfera de Júpiter — nós vimos! A primeira coisa foi um ponto luminoso acima dos limites de Júpiter.[20] Quando o fragmento penetrou a atmosfera, produziu uma explosão que resultou em uma nuvem em forma de cogumelo semelhante à criada por uma arma nuclear. Todos os fragmentos deixaram "cicatrizes visíveis" (áreas com compostos sulfúreos) na superfície de Júpiter (Figura 4 do encarte). Essas manchas duraram meses até serem dispersadas por correntes e turbulências na atmosfera de Júpiter, e os destroços se espalharam para altitudes menores.

2.

Mais curioso

Talvez a melhor descrição da imagem que temos hoje de Leonardo da Vinci esteja em duas frases curtas de Giorgio Vasari, autor do renomado *Vidas dos artistas*, e que tinha apenas 8 anos de idade quando Leonardo morreu. Vasari escreveu com admiração: "Além de um belo corpo nunca suficientemente exaltado, havia uma graça infinita em todas as suas ações; e tamanha era a sua genialidade, e tal sua maturidade, que quaisquer dificuldades a que ele dirigia sua mente eram resolvidas com facilidade."[1]

Eu teria feito apenas uma pequena revisão nessa descrição, para que ela dissesse "tamanhas eram a sua genialidade *e a sua curiosidade*, e tal sua maturidade". Ao elaborar a descrição desses esplêndidos atributos, Vasari enfatizou a grande capacidade de Leonardo de aprender rapidamente novos assuntos em uma variedade incrível de disciplinas: "Em aritmética, durante os poucos meses em que a estudou, fez tanto progresso que, ao continuamente sugerir dúvidas e dificuldades ao mestre que lhe ensinava, com frequência o deixava espantado. Dava tão pouca atenção à música, e subitamente decidiu aprender a tocar lira, como alguém que já tivesse por natureza um espírito elevado e refinado, dado que tocava divinamente ao som do instrumento, fazendo improvisos." À luz de elogios tão efusivos, talvez seja uma surpresa que estudos mais recentes tenham relevado que as anotações matemáticas de Leonardo contêm distrações e erros constrangedores, como é o exemplo da extração de raízes. Além disso, Leonardo não lia em grego, e até mesmo o latim era lido com dificuldade, geralmente com assistência de amigos versados. Esses dois traços — uma capacidade incrível de adquirir novos conhecimentos combinada a lacunas chocantes na educação básica — parecem estar em grande conflito. Dois fatos, no entanto, fornecem ao menos um ponto de partida para uma explicação. Em primeiro lugar, a educação fundamental de Leonardo em Vinci foi bastante rudimentar, e, quando se tornou aprendiz do ateliê do mestre Andrea del Verrocchio, em Florença, ele treinou para ser um artista, não cientista, matemático ou engenheiro. Assim sendo, teve um estudo básico de leitura e de escrita, complementado por técnicas em pintura, escultura, além de algumas regras práticas de geometria e de mecânica, e o necessário para trabalhar com metal. Ninguém poderia ter previsto que, com uma base tão pouco auspiciosa, Leonardo acabaria por se tornar o símbolo do ideal renascentista do homem universal. Ele conquistou toda a sua educação eventual e aparentemente universal muito mais tarde, como autodidata ou a partir de experiências e observações incessantes. Aliás, como resultado da sua educação insuficiente nas disciplinas clássicas, os estudiosos humanistas da época de Leonardo repetiam condescendentemente sua autodescrição como "um homem iliterato" ou "pouco versado". O próprio Leonardo, no entanto, acrescentava rapidamente: "Aqueles que estudam os antigos e não as obras da Natureza são enteados, e não filhos da Natureza, a mãe de todos os bons autores."[2] Desafiando os críticos, ele continuava: "Embora, ao contrário deles, eu possa não ser capaz de citar outros autores, conto com o que é muito mais importante e válido — a experiência, a amante de seus mestres." Leonardo era, sem dúvida, o arquétipo do "discípulo da experiência".[3]

Vasari também nos dá uma segunda pista do que poderia desmistificar as facetas contraditórias da educação de Leonardo: "Pois que ele se propunha a aprender muitas coisas, e então, depois de ter começado, abandonava-as."[4] Em outras palavras, Leonardo não persistia em alguns de seus estudos. Isso, todavia, leva a uma nova charada: por que Leonardo abandonaria tópicos pelos quais a princípio mostrara grande interesse? Trata-se de uma questão importante à qual retornaremos, já que ela pode nos dar algumas ideias para entendermos como funcionava a mente curiosa de Leonardo.

Afirmar simplesmente que Leonardo era uma pessoa curiosa seria o eufemismo do milênio. Basta observar que um inventário parcial da sua biblioteca de 1503-1504 contém não menos do que 116 livros cobrindo uma variedade impressionante de tópicos.[5] Eles se dividem entre anatomia, medicina, história natural, aritmética, geometria, geografia, astronomia, filosofia, idiomas, obras literárias, e até tratados religiosos. E essa era a biblioteca de um homem que, de acordo com todos os relatos, preferia a experiência à leitura — a tal ponto, aliás, que o historiador da ciência e estudioso de Leonardo, Giorgio de Santillana, deu a uma de suas palestras o título "Leonardo and Those He Did Not Read" [Leonardo e aqueles que ele não leu].

Um dos aspectos mais intrigantes da personalidade de Leonardo é o aparente conflito entre sua compassiva sensibilidade estética e seu olho frio e sobre-humanamente aguçado para a análise dos segredos da natureza. O físico e historiador Paolo Giovio nos ofereceu em 1527 (apenas oito anos depois da morte de Leonardo) uma introdução ao ponto de vista único de da Vinci do que ele considerava conexões inescapáveis entre a ciência e a arte. Giovio escreveu: "Leonardo da Vinci [...] acrescentou grande brilho à arte da pintura, negando que pudesse ser apropriadamente executada por aqueles que não tivessem conquistado as ciências nobres e as artes liberais necessárias aos discípulos da pintura." Para ilustrar a abordagem distinta de Leonardo, Giovio descreve sucessivamente algumas das diversas atividades científicas praticadas pelo mestre em combinação com a pintura: "A ciência da ótica era para ele da primeira importância [...]. Ele dissecava corpos de criminosos nas faculdades de medicina [...] a fim de que as variações das juntas dos membros causadas pelas ações dos nervos da vértebra fossem pintadas de acordo com as leis da natureza."[6]

O relato de Giovio descreve corretamente o fato importante de que, nos seus primeiros trabalhos, Leonardo usou a natureza em serviço da arte: ele examinava o mundo natural para produzir representações artísticas com o máximo possível de precisão. Mais tarde na vida, contudo, a arte tornou-se um assistente obsequioso de suas investigações científicas: ele usou sua singular capacidade artística para ilustrar fenômenos naturais e tentar averiguar suas causas.

Já duas décadas antes de Vasari, Giovio também comentou sobre a aparente incapacidade de Leonardo de concluir encomendas e sua falta de interesse pela finalização de alguns de seus projetos: "Mas, enquanto dedicava seu tempo à pesquisa meticulosa de ramos secundários de sua arte, ele concluía pouquíssimas obras." Mesmo na época em que viveu, era lendária a tendência de Leonardo de deixar trabalhos inacabados. Quando o papa Leão X soube que Leonardo estava se ocupando de várias receitas de verniz em vez de realmente pintar, parece ter se queixado: "Ai de mim! Esse homem nunca fará nada, pois começa pensando no fim antes de iniciar seu trabalho."[7]

Para Leonardo, ostensivamente, cada pintura também era uma experiência científica, tanto no que dizia respeito a representar corretamente o objeto sendo retratado, quanto em relação à execução da pintura em si. Além disso, era um exercício de curiosidade: "Estude a ciência da arte; Estude a arte da ciência; Aprenda a ver", ele dizia.[8] No que diz respeito à aplicação física das técnicas de pintura, alguns de seus quadros — *A Última Ceia*[9] (Figura 5 do encarte), por exemplo — não duraram: a tinta provavelmente já estava descascando mesmo quando Leonardo ainda vivia. Por outro lado, *A Última Ceia* é um sucesso retumbante e uma obra de arte extraordinária. Representa um estudo brilhante em perspectiva e do uso eficaz da luz e da sombra. Podemos até mesmo perceber na disseminação da onda emocional criada pelas palavras de Cristo, "Um de vós há de me trair", as lições que Leonardo aprendera a partir de suas observações da propagação das ondas na água.

Aqui, contudo, está outra contradição. A mesma pessoa que foi capaz de capturar tão delicadamente os humores e emoções humanas mais sutis (ver também *A Virgem e o menino com Santa Ana*[10] e a famosa *Mona Lisa*) não revelou quase nada a respeito de seus sentimentos pessoais em sua vasta produção textual. Se Leonardo era tão curioso a respeito do seu mundo interior quanto do exterior, preferiu não nos contar.

Maravilhado e curioso[11]

Muitos estudos excelentes tentaram usar os inúmeros cadernos de Leonardo,[12] seus comentários detalhados e seus desenhos elaborados para avaliar suas verdadeiras realizações e até que ponto ele genuinamente produziu novas descobertas na ciência e na tecnologia.[13] Outros buscaram fazer uma avaliação crítica da originalidade das suas contribuições, considerando o conhecimento disponível na época. Estou interessado em questões diferentes, mas igualmente instigantes. O que deixava Leonardo curioso? Por quê? O que ele fazia para satisfazer a sua curiosidade? Em que ponto, se é que havia um, ele perdia o interesse em um tópico em particular? Em vez de me preocupar com os sucessos e fracassos das empreitadas científicas, e dos projetos artísticos e de engenharia de Leonardo, ou ainda com a verdadeira extensão da sua influência sobre o progresso científico ou sobre o curso da história da arte, estou curioso em relação ao que capturava a sua imaginação, ao que o motivava e como ele reagia a esses estímulos.

Um excelente ponto de partida para explorarmos essas questões são os cadernos pessoais de Leonardo, pelas principais razões apresentadas a seguir. Em primeiro lugar, as 6.500 páginas de anotações e desenhos existentes provavelmente representam apenas parte da sua produção, estimada por alguns pesquisadores em 15 mil páginas. Como Leonardo começou a fazer registros em cadernos apenas por volta dos 35 anos, ele deve ter preenchido, em média, cerca de uma página e meia por dia ao longo de três décadas! Ao que parece, encher páginas com desenhos detalhados e anotações sofisticadas descrevendo ideias, interesses e contemplações (a maioria feitas com a mão esquerda, da direita para a esquerda, e com a escrita espelhada) era uma das ocupações favoritas de Leonardo. Surpreendentemente, só o que restou dos desenhos de Leonardo corresponde a quatro vezes a obra dos desenhistas mais produtivos do século XVI.[14] Em segundo lugar, além da aparente obsessão pela análise e pela documentação de cada pensamento racional, o conteúdo dos cadernos cobre tópicos como anatomia, visão e ótica, astronomia, botânica, geologia, fisiografia, o voo dos pássaros, movimento e peso, as propriedades e o movimento da água e uma variedade assombrosa de invenções criativas tanto para propósitos pacíficos quanto bélicos.[15] Por fim, combinemos o vasto conteúdo científico e tecnológico dos cadernos à realidade de que Leonardo usava essas mesmas páginas para comentários incessantes sobre tópicos artísticos, como a cor, a luz, a sombra, a perspectiva, práticas de pintura, de escultura e de arquitetura. O quadro resultante é tão claro, e ao mesmo tempo enigmático, quanto alguns dos elementos das próprias pinturas de Leonardo.

Leonardo era curioso em relação a quase *tudo* no mundo complexo ao seu redor, e o seu hábito compulsivo de fazer anotações e desenhos representava uma tentativa idiossincrática de entender tudo. Ele certamente nunca nutriu um interesse particular por história, teologia, economia ou política (o que provavelmente foi uma atitude de sabedoria, já que ele viveu durante o período em que os Bórgia, notoriamente conspiradores e cruéis, estavam no poder). Não obstante, tentava "ler" e decifrar o que Galileu Galilei chamaria mais de um século depois de "livro da Natureza".[16] Todavia, o livro da natureza de Leonardo era um volume ainda mais grosso que o de Galileu, já que incluía tópicos tão complexos como anatomia e botânica, disciplinas pelas quais Galileu não demonstrava grande interesse. Em geral, grande parte das anotações feitas nos cadernos de Leonardo não tinha como intuito ser projetos, esboços preparatórios ou planos de engenharia a culminar em implementações físicas de empreendimentos específicos. Em vez disso, eram a encarnação da curiosidade de Leonardo. Em suas próprias palavras, "A natureza está cheia de causas infinitas que nunca foram expostas em experiências [...]. O desejo natural dos homens bons é o conhecimento." Leonardo previa aqui o que o psiquiatra Herman Nunberg diria quase cinco séculos mais tarde: "Pela satisfação da curiosidade, adquire-se certo estoque de conhecimento que pode levar a novos problemas e à formulação de novas questões. A curiosidade pode, portanto, também ser chamada de *ânsia por conhecimento*."[17]

Os cadernos também demonstram graficamente a forte interdependência entre ciência, tecnologia e arte na mente de Leonardo.[18] Acredita-se que a frase "uma imagem vale mil palavras" tenha tido origem em um artigo de jornal de 1911,[19] mas Leonardo expressou claramente o mesmo sentimento quatro séculos antes: "Você, que pensa em revelar a imagem do homem em palavras [...] esqueça essa ideia, pois, quanto mais detalhada for a sua descrição, mais você confundirá a mente do leitor, e mais você irá afastá-lo do conhecimento do que está sendo descrito. É necessário, portanto, representar e descrever."[20]

Os desenhos, por outro lado, fazem muito mais do que apenas ilustrar temas difíceis de descrever em palavras. Eles às vezes nos permitem literalmente seguir os caminhos sinuosos da curiosidade de Leonardo. Encontramos um exemplo maravilhoso em uma obra da Coleção Real (Figura 6 do encarte). Carlo Pedretti, um estudioso de Leonardo,[21] observou que essa única folha pode oferecer "uma síntese completa da sua [de Leonardo] curiosidade científica e sua versatilidade artística".

À primeira vista, a página parece não conter mais do que uma série de garranchos sem relação: várias construções geométricas envolvendo círculos e curvas, nuvens, ervas daninhas escalando um lírio, uma prensa de parafuso, um homem velho vestido, ondas em um lago, galhos de uma árvore. No entanto, um exame mais atento revela que quase todos os desenhos, das nuvens ondulantes aos cabelos encaracolados do homem, envolvem curvas geométricas, superfícies curvas ou o fenômeno da ramificação. Podemos, portanto, especular que, uma vez que Leonardo começava a contemplar um fenômeno em particular, como a propagação das ondas em uma piscina, seu pensamento visualmente inspirado imediatamente traduzia o problema em uma forma geométrica. Ao mesmo tempo, sua curiosidade divagante o guiava a uma série de outros fenômenos naturais ou dispositivos criados pelos seres humanos em que também encontramos curvas ou estruturas geométricas semelhantes. Por exemplo, quando ampliado, o desenho exibe os galhos da árvore se transformando em uma rede de veias vistas através da túnica do velho.

Essa não foi a única vez que Leonardo examinou sistemas de ramificação. Ele identificou essas estruturas em uma vasta gama de disciplinas diferentes, dos afluentes de rios, passando por caules de plantas, aos vasos sanguíneos do corpo humano. A culminação da jornada mental estonteante que levou à criação da Figura 6 foi a abstração de um traço comum de uma coleção de observações aparentemente díspares. Nas palavras do próprio Leonardo, "A pintura compele a mente do pintor a se transformar na própria mente da Natureza para tornar-se um intérprete entre Natureza e arte. Ela explica as causas das manifestações da Natureza conforme ditadas pelas suas leis."[22]

Dado o pano de fundo científico por trás do trabalho de Leonardo, essa última afirmação é notável. Ele está dizendo que a Natureza é governada por certas leis! Isso cerca de um século antes de Galileu ter enunciado a sua lei da inércia e quase dois séculos antes de Newton ter formulado suas leis do movimento e da gravidade. Teria Leonardo também tido curiosidade o suficiente para se perguntar quais poderiam ser essas leis? Pode apostar que sim. Infelizmente, a tradição científica de sua época ainda não incluía o anúncio de uma hipótese coerente e o teste dessa hipótese por meio de uma série de experiências ou observações meticulosamente construídas. Em vez disso, Leonardo costumava simplesmente listar todas as questões em que podia pensar, provavelmente na ordem em que elas surgiam em sua mente sempre curiosa, e depois investigar apenas algumas por meio de inspeções mais detalhadas. Às vezes, porém, o que ele descobria era uma fusão de suas visões artísticas e científicas. Por exemplo, seus desenhos de fluxos de água[23] com frequência lembram tranças de cabelo, e os cabelos ondulados na pintura de Ginevra de'Benci[24] (Figura 7 do encarte) lembram águas turbulentas. Não obstante, a partir de uma série de estudos diferentes, Leonardo chegou a duas importantes descobertas. Primeiro, concluiu que experiências e observações repetitivas e quantitativas eram absolutamente cruciais para a detecção indiscutível dos padrões associados a fenômenos naturais. Em suas palavras: "Esta experiência deve ser feita várias vezes a fim de que nenhum acidente ocorra para atrapalhar ou falsificar a prova, pois a experiência pode ser falsa, quer engane o investigador ou não." Isso pode explicar ao menos em parte o fato de os cadernos de Leonardo conterem muitas repetições, ainda que suas medidas quantitativas sejam na melhor das hipóteses aproximadas. Sua segunda dedução digna de nota foi que a mente humana poderia ter acesso às leis que governam a natureza através da linguagem da matemática.[25] Assim, grande parte do trabalho de Leonardo nas duas últimas décadas de sua vida foi dedicada à busca de leis geométricas gerais que se aplicassem a fenômenos que iam das correntes dos rios, passando pela luz e sombra, às complexidades da anatomia humana.

Seguindo os passos de Platão e dos neoplatônicos, a geometria tornou-se o farol de Leonardo na trajetória que conecta o observador humano às explicações e interpretações do universo, ainda que essa conexão fosse mais uma questão de crença do que de contar com uma base empírica sólida. Em primeiro lugar, havia a geometria associada ao processo da visão;[26] depois, as regras ou leis geométricas a que o mundo natural supostamente obedecia; e, por fim, a natureza da própria linguagem matemática, que para Leonardo era a geometria euclidiana básica que aprendemos na escola. No que diz respeito à propagação da luz, por exemplo, Leonardo desenhou uma série de triângulos ("pirâmides", na sua terminologia) e concluiu (incorretamente, em termos quantitativos) que a intensidade da luz era inversamente proporcional à distância da fonte, isto é, que uma fonte duas vezes mais distante pareceria 50% menos brilhante.[27] Na realidade, o brilho é inversamente proporcional ao quadrado da distância: a uma distância duas vezes maior, a fonte luminosa parece quatro vezes mais fraca; a uma distância três vezes maior, nove vezes mais fraca — e assim por diante. Ele aplicou leis semelhantes ao que definiu como os quatro "poderes" da natureza: "movimento, força, peso e percussão."[28]

Sobre os sistemas de ramificação,[29] como as árvores, Leonardo introduziu uma lei original, de acordo com a qual a soma total das áreas das seções transversais a cada nível deve ser igual. Por exemplo, ele deduziu que a soma das áreas das seções transversais dos menores ramos mais afastados devia ser igual à área da seção transversal do tronco da árvore. Embora a ideia por trás desse enunciado fosse inteligente e estivesse correta (Leonardo deduziu que o que flui para dentro deve fluir para fora), ele ignorou o fato de que a velocidade do fluxo podia variar ao longo do caminho, e, consequentemente, sua lei não era precisa. Da nossa perspectiva, porém, o ponto importante não é se as regras de Leonardo estavam corretas, ou se ele sabia matemática o bastante para ao menos tentar formular leis precisas. O elemento crucial é o simples fato de ter usado uma representação geométrica para as regras. Além disso, ele argumentava que "não há certeza onde não se pode aplicar nenhuma das ciências matemáticas ou daquelas conectadas às ciências matemáticas". Essa concepção excepcional é comparável à famosa máxima de Galileu: "Não podemos entendê-lo [o universo] se não aprendermos primeiro a linguagem e compreendermos os caracteres com os quais ele foi escrito. Ele foi escrito na linguagem da matemática, e os caracteres são triângulos, círculos e outras formas geométricas." Mas Galileu era um matemático. Leonardo, consideravelmente fraco em matemática — exceto, talvez, por alguns aspectos da geometria curvilínea[30] (e alguns elementos que aprendeu com seu amigo matemático Luca Pacioli) —, incrivelmente já acreditava que a única maneira de entender o universo com alguma certeza era por meio da matemática. Consequentemente, ele ousou escrever: "Nenhum homem que não seja um matemático deveria ler os elementos do meu trabalho"[31] — frase que lembra a lendária inscrição que supostamente encimava a porta da Academia de Platão: "Entrada proibida a todos que não saibam geometria."

Um dos entendimentos mais importantes de Leonardo era que, não importava quais fossem as leis, elas eram, em certo sentido, *universais*. Ou seja, as mesmas leis se aplicavam a todos os "poderes", agissem esses poderes no macrocosmo do mundo como um todo, no microcosmo representado pelo corpo humano, ou nos mecanismos das máquinas criadas pelo homem.[32] Ele escreveu: "A proporção não é só encontrada nos números e medidas, mas também nos sons, pesos, tempos, espaços e em quaisquer poderes existentes." Da mesma forma, em sua antecipação correta da terceira lei do movimento de Newton (a de que qualquer reação é igual em força, mas oposta no sentido à ação), Leonardo escreveu: "Um objeto oferece tanta resistência ao ar quanto o ar oferece ao objeto."³³ A isso, seguiu-se imediatamente "E o mesmo ocorre à água". Logo, como parte de sua aspiração a encontrar leis gerais ou características distintivas abrangentes e aplicá-las a situações específicas, Leonardo voltou sua atenção ao corpo humano. Nessa área, como escreve James Playfair McMurrich, professor de Anatomia da Universidade de Toronto: "Se [...] o impulso para o novo movimento na anatomia veio dos artistas, Leonardo pode ser reconhecido como seu fundador, e Vesalius [o anatomista Andreas Vesalius, nascido cinco anos antes da morte de Leonardo] como seu grande protagonista."³⁴

Todo o teu coração aberto para mim³⁵

Talvez o melhor exemplo da curiosidade de Leonardo em ação esteja nas suas investigações insistentes do funcionamento do coração humano.³⁶ A misteriosa batida constante no peito tem fascinado os seres humanos desde a Antiguidade. Ainda assim, apesar de ideias parcialmente corretas identificando o coração como uma bomba responsável pela circulação do sangue terem aparecido na China já no segundo século a.C., levou um bom tempo para esses conceitos penetrarem no mundo ocidental prevalente. Até o século XVI, ele foi dominado pelos ensinamentos do médico grego do século II d.C. Galeno de Pérgamo. Galeno concluiu que o coração não era uma bomba, mas atuava como a lareira vitalizante do corpo, produzindo calor interno.³⁷ Por ironia, apesar de o próprio Galeno ter sido uma pessoa extremamente curiosa que baseava suas observações anatômicas na dissecação de macacos, porcos e cachorros, a maioria de seus seguidores aceitou cegamente suas conclusões por mais de um milênio. Assim como os pontos de vista aristotélicos reinaram supremos nas ciências físicas e o modelo geocêntrico ptolomaico do Sistema Solar permaneceram inquestionados, as teorias de Galeno eram consideradas sagradas na anatomia. É como se a curiosidade tivesse congelado durante a Idade Média. Leonardo, por outro lado, seguiu à risca o conselho do próprio Galeno: "Devemos ousar e buscar a Verdade; mesmo que não consigamos encontrá-la, devemos ao menos nos aproximar mais dela do que estamos no presente."

De acordo com Galeno, quando o coração dilata, puxa ar dos pulmões. Esse ar passa para o ventrículo esquerdo, onde se mistura com sangue, produzindo "espíritos vitais" por meio do "calor natural". Quando o coração contrai, o sangue e os espíritos vitais saem pelas artérias, alcançando e "vivificando" todos os tecidos.

O interesse de Leonardo pelo coração era tão profundo que ele devotou mais espaço em seus cadernos ao coração do que a qualquer outro órgão (a Figura 8, no encarte, exibe dois de seus desenhos do coração, provavelmente de um boi). Infelizmente, nem ele conseguiu se livrar completamente de Galeno, cujas ideias havia conhecido por intermédio das obras do polímata persa do século X Avicena (forma latina de Ibn Sīnā) e do médico italiano do século XIII Mondino de Luzzi.

De certa forma, é lamentável que Leonardo tenha usado *O cânone da medicina*, de Avicena, e *Anathomia*, de Luzzi, como ponto de partida para suas próprias explorações, já que, em alguns casos, mesmo a aderência parcial aos textos mais antigos o desviaram do caminho, ou pelo menos o levaram a erros desnecessários. Ainda assim, por meio de suas investigações e experiências meticulosas, Leonardo conseguiu descartar a maioria dos conceitos obscuros de Galeno, como "calor natural" e os misteriosos "espíritos naturais e animais", substituindo-os por fenômenos físicos associados a movimentos padrões dos fluidos.

Para Leonardo, "o coração propriamente dito não é o princípio da vida; mas é um vaso composto por músculos grossos, que recebe vida e é alimentado pela artéria e pela veia, tal como os outros músculos".

A partir dessa apreciação simples, mas fundamental, ele descobriu partes do coração nem sequer mencionadas por Galeno, mais notavelmente os átrios. Leonardo identificou-os corretamente como câmaras que se contraem e bombeiam o sangue para os ventrículos. Em um nível ainda mais básico no que diz respeito aos processos físicos envolvidos, ele sugeriu que o calor, que considerava a marca da vida, era gerado pela fricção ocorrida com o fluxo e refluxo do sangue. Depois, usou essa ideia para explicar a associação da febre à aceleração do pulso: "Quanto mais rapidamente o coração se movimenta, mais o calor aumenta, conforme nos ensina o pulso do febril, movido pelas batidas do coração."

No espírito da exploração, Leonardo empregou uma combinação de experiências engenhosas e observações meticulosas na decifração das funções de várias partes do coração. Em alguns de seus testes, ele usou a criatividade na representação da aorta com um modelo de vidro e o ventrículo com um saco flexível.[38] Pelo lado da observação, ele usou analogias do fluxo sanguíneo seguindo o movimento das sementes em um fluido, da mesma maneira que anteriormente investigara o fluxo da água nos rios.

O principal obstáculo que impediu Leonardo de descobrir e entender todo o conceito e o mecanismo da circulação sanguínea provavelmente foi o fato de nunca ter testemunhado uma dissecação do peito de um ser humano vivo.[39] Por consequência, ele perdeu a oportunidade de ver com os próprios olhos o que com certeza teria considerado uma máquina maravilhosa — o coração humano — ainda batendo. A ampla compreensão do sistema circulatório ficou a cargo do médico inglês William Harvey, mais de um século depois. O que Leonardo conseguiu por meio do seu tenaz escrutínio ainda assim foi bastante notável. Sozinho, ele eliminou quase todos os falsos elementos de Galeno da descrição dos processos vitais, encaixando a vida perfeitamente no reino de leis gerais da física. Seu julgamento claro e visionário marcou o início do despertar científico que estava prestes a se seguir: "Que a Natureza não pode dar o poder do movimento aos animais sem instrumentos mecânicos, como é demonstrado por mim neste livro sobre os movimentos criados pela natureza nos animais. E, por essa razão, formulei as regras dos quatro poderes da natureza."

Simplificando, Leonardo substituiu a mística bile negra, as faculdades e os espíritos que permeavam os textos de Galeno, Avicena e Luzzi, entre outros, pelos agentes físicos do movimento, do peso, da força e da percussão — os blocos básicos da mecânica. Ele usou ainda esses conceitos mecânicos para desmistificar toda uma gama de processos fisiológicos. Por exemplo, foi assim que descreveu corretamente o pulso: "A expansão ocorre quando eles [os vasos] recebem a quantidade excessiva de sangue, e a contração se deve à saída do excesso de sangue que receberam."

Não há dúvida de que, apesar de muitos de seus métodos não poderem ser considerados científicos pelos padrões atuais, ao tentar explicar fenômenos através de efeitos físicos,[40] e não sobrenaturais, Leonardo representou o nascimento do pensamento moderno em relação à verdadeira natureza da pesquisa científica. Ele lançou mão de um tipo de exploração baseada na observação e no empirismo que acabaria por dar origem a cientistas curiosos e importantes como Galileu, Newton, Michael Faraday e Darwin, assim como filósofos empiristas como John Locke, que argumentava que o conhecimento é alcançado por meio da percepção dos sentidos e da contemplação racional, não plantado na mente por um poder divino.

Eu vi uma criança curiosa[41]

Assim sendo, o que distinguiu Leonardo dos estudiosos da anatomia, da hidráulica, da botânica e da tecnologia que o precederam? E por que ele, treinado como artista, foi bem-sucedido na produção científica e em descobertas tecnológicas que, mesmo ocasionalmente equivocadas, às vezes estavam muito à frente até mesmo daquelas de seus contemporâneos profissionais? Afinal de contas, as oportunidades com que ele teve de se envolver, digamos, no estudo da anatomia, estavam disponíveis para qualquer outro cientista e artista do seu tempo. A resposta para essas perguntas na verdade é tão simples que soa quase banal: Leonardo tinha uma curiosidade insaciável que tentava satisfazer diretamente pelas próprias observações, em vez de se conformar com as afirmações de figuras de autoridade. Não foi nem o resultado de uma investigação em particular, nem o método usado em qualquer investigação específica que distinguiu Leonardo consideravelmente de seus contemporâneos. Foi o fato de que ele considerava quase todos os fenômenos naturais interessantes e dignos de serem estudados.

E se suas observações não estivessem de acordo com a sabedoria prevalente?

Leonardo tinha uma resposta direta: nesse caso, era a teoria que precisava ser revisada ou completamente rejeitada. Em suas palavras: "Os homens erram ao culpar a experiência inocente, acusando-a de fraude e resultados falsos [...]. O erro não é da experiência, e sim do nosso julgamento, que promete extrair coisas da experiência que não estão em seu poder!"[42]

Tomemos o campo da anatomia como exemplo. Enquanto para muitos anatomistas medievais a dissecação servia apenas para a demonstração dos ensinamentos de Avicena, Leonardo dissecava para explorar e provar coisas para si mesmo. Da mesma maneira, na mecânica, enquanto os primeiros textos de Leonardo levavam em consideração algumas ideias contemporâneas para as máquinas de movimento perpétuo, em 1494, seguindo resultados das suas próprias experiências, ele havia se convencido de que pelo menos alguns projetos não funcionariam: "Ah! Especuladores do movimento perpétuo, quantas vãs quimeras criaram em tal busca. Vão e ocupem seus lugares entre os que procuram ouro!"[43]

Como observei, há algumas características da personalidade de Leonardo que merecem uma atenção especial. Em primeiro lugar, havia a aparente contradição entre o fato de ele ser muito recluso e a documentação obsessiva de cada conceito, presumivelmente ao menos em parte para que, em algum momento, outras pessoas lessem. Uma das especulações a respeito da escrita espelhada era que ele estava tentando dificultar a leitura de suas anotações por outras pessoas, mas logo veremos que talvez não tenha sido esse o caso.

Em segundo lugar, havia a discrepância entre Leonardo, o frio analista aparentemente desprovido de emoções do mundo natural, e Leonardo, o pintor delicado, quase romântico, de sentimentos humanos cheios de nuances complexas. Em todo o corpo de sua obra, ele só revelou uma vez um aspecto de seu lado emocional na escrita (como fazia regularmente na pintura). Na descrição de uma viagem que fez às montanhas, ele escreveu:[44]

> Tendo percorrido certa distância entre rochas escuras, cheguei à entrada de uma grande caverna, e fiquei um pouco diante dela, impressionado e incerto de tal coisa. Inclinando minhas costas em um arco, repousei a mão esquerda no meu joelho e ergui a mão direita sobre as sobrancelhas abaixadas e contraídas; inclinando-me várias vezes para um lado e depois para o outro, a fim de ver se conseguia descobrir alguma coisa lá dentro, o que era impossível pela escuridão profunda no interior, e depois de ter permanecido ali durante algum tempo, duas emoções contrárias surgiram em mim, o medo e o desejo — o medo da ameaçadora caverna escura, o desejo de ver se havia coisas maravilhosas dentro dela.

Como veremos no capítulo 4, sem querer Leonardo capturou aqui uma das supostas características da curiosidade: uma combinação ambivalente entre excitação e apreensão. Até certo ponto, a incerteza sobre um tópico aumenta a curiosidade. Após esse ponto, no entanto, a incerteza torna-se tão avassaladora que pode produzir desconforto, ou até medo.

A paixão de Leonardo pela descoberta de coisas novas dentro das partes até então inexploradas do mundo também nos lembra outro indivíduo extremamente brilhante, mas com dificuldades no convívio social, Isaac Newton. Pouco antes de sua morte, Newton disse: "Não sei qual é a impressão que passo para o mundo; mas, para mim, pareço ter sido não mais do que um menino brincando à beira do mar e me distraindo ao encontrar aqui e ali um seixo mais macio ou uma concha mais bonita do que de costume, enquanto o grande oceano da verdade estendia-se completamente desconhecido diante de mim." Einstein, outra pessoa notoriamente curiosa, falou sobre "este mundo imenso, que existe independentemente de nós, seres humanos, e que se ergue diante de nós como um grande e eterno mistério, ao menos em parte acessível à nossa inspeção e ao nosso pensamento".[45]

Em terceiro lugar, havia a questão de Leonardo ter uma enorme atração por novos projetos, fossem para investigação, fossem para execução, mas raramente concluí-los. Como podemos explicar esses traços contraditórios da personalidade de Leonardo? Será que eles estão de alguma forma relacionados à sua curiosidade voraz?

Curiosamente, é essa capacidade incomum de partir de um extremo a outro, de expressar ambas as extremidades do espectro de uma característica, que Csikszentmihalyi identifica como a principal qualidade que distingue personalidades criativas de outras. Ele denomina essa peculiaridade "complexidade".[46] Em suas palavras: "Em vez de ser um 'indivíduo', cada um deles [das pessoas criativas] é uma 'multidão'." Como ilustração do que quer dizer por "complexidade", Csikszentmihalyi lista pares de características aparentemente opostas que as pessoas criativas parecem exibir. Entre elas estão, por exemplo, intensa atividade física associada a períodos frequentes de silêncio e descanso; responsabilidade e irresponsabilidade; capacidade de alternar entre a imaginação e a fantasia por um lado, e um senso arraigado de realidade do outro; tendências opostas no espectro entre a extroversão e a introversão; e até mesmo "androgenia psicológica", uma combinação incomum de maneirismos tipicamente classificados como "femininos" com outros classificados como "masculinos".

Um exame dessa lista mostra que ela se aplica perfeitamente a Leonardo. No que diz respeito à última peculiaridade, ele foi considerado por muitos pesquisadores, inclusive Sigmund Freud, homossexual,[47] embora talvez fosse uma homossexualidade latente. Ele também parecia ter passado por uma transição extrema, de um forte ardor sexual na infância a uma assexualidade fria na vida adulta. O fato de se encaixar perfeitamente na descrição de uma personalidade complexa dificilmente surpreende, já que ele era claramente uma pessoa de uma criatividade fora do comum. Isso significa que ser curioso e ser criativo são a mesma coisa? Apesar de as pessoas com frequência confundirem as duas características, elas não são idênticas. Uma pessoa criativa é alguém cujas ideias ou atividades mudam significativamente um domínio cultural existente ou criam um novo. Ser simplesmente curioso não é uma condição suficiente para a criatividade. A curiosidade, contudo, parece ser uma condição *necessária* para a criatividade. De fato, Csikszentmihalyi achava que praticamente todas as pessoas criativas que já havia entrevistado ou examinado exibiam uma curiosidade mais do que simplesmente aguçada.

Uma anedota divertida envolvendo Darwin é o epítome do poder da curiosidade nas pessoas criativas. Quando Darwin chegou a Cambridge, em 1828, tornou-se um ávido colecionador de besouros. Certa vez, depois de ter tirado a casca de uma árvore morta, ele encontrou dois carabídeos e pegou cada um com uma mão. Naquele momento, ele viu um raro *Panagaeus cruxmajor*. Sem querer perder nenhum dos três, colocou um besouro na boca a fim de liberar uma das mãos para a espécie mais rara. Essa aventura em particular não terminou bem. O besouro na boca de Darwin liberou uma substância química que provocou irritação, e ele foi forçado a cuspi-lo, com isso aparentemente perdendo todos os besouros. Apesar do resultado decepcionante, a história demonstra a atração irresistível da curiosidade.

Há outro aspecto intrigante da personalidade de Leonardo. Consideremos a seguinte lista de "sintomas" que uma pessoa pode exibir:[48]

- Distrair-se facilmente, esquecer-se das coisas e mudar frequentemente de uma atividade para outra.
- Ter dificuldade para se concentrar em uma coisa.
- Entediar-se com uma tarefa após alguns minutos, a não ser que esteja fazendo algo agradável.
- Ter dificuldade para concentrar a atenção na organização e conclusão de uma tarefa ou na aprendizagem de algo novo.
- Ter dificuldade para concluir ou entregar incumbências.
- Correr de um lado para outro, tocando em/ou "brincando" com tudo ao redor.
- Estar em constante movimento.

Poderíamos argumentar que, até certo ponto, Leonardo exibia a maioria, se é que não todos esses sintomas. Ainda assim, essa é uma lista parcial dos sintomas usados no diagnóstico de pessoas afetadas pelo Transtorno de Déficit de Atenção com Hiperatividade (TDAH). O fato de Leonardo mudar rapidamente de interesses e ter dificuldades para concluir projetos poderia ser uma manifestação do TDAH? Ou esse seria só mais um caso de cibercondria — um diagnóstico baseado em sintomas aparentes, induzido por uma busca na internet? Mais importante na nossa perspectiva, existe alguma conexão conhecida ou ao menos suspeita entre o TDAH e uma curiosidade prodigiosa?

Não podemos esperar chegar a um diagnóstico confiável para alguém que está morto há quase cinco séculos, e não pretendo ser um psicobiógrafo. Não obstante, fiquei intrigado o suficiente com essa última questão para consultar alguns especialistas. Particularmente, perguntei-me se alguém com TDAH poderia se concentrar por períodos relativamente longos de tempo em um assunto em particular, como Leonardo obviamente fez.

"Absolutamente", disse Jonna Kuntsi, pesquisadora do TDAH da King's College de Londres.[49] "Adultos com TDAH podem concentrar sua atenção quando estão muito interessados em algo. Aliás, observou-se que até crianças com TDAH concentram-se muito bem quando entretidas em jogos eletrônicos atraentes para elas". Kuntsi apontou que algumas pessoas com TDAH conseguiam tirar vantagem do transtorno. Um exemplo é o medalhista olímpico da ginástica britânica Louis Smith, que transformou o TDAH e um rígido regime de treinamento em uma combinação para a vitória.

Michael Milham, neurocientista do Child Mind Institute de Nova York, concordou com Kuntsi. "O TDAH pode levar alguém com uma inteligência excepcional a pensar 'fora da caixa'",[50] disse ele.

Existe alguma correlação conhecida entre a curiosidade e o TDAH? Kuntsi me indicou uma série de estudos que demonstraram uma relação entre a impulsividade característica da hiperatividade e o temperamento típico da busca por novidades[51] — uma das principais manifestações da curiosidade geral. Em outras palavras, a distração pode ser considerada uma manifestação exacerbada da curiosidade. Qual poderia ser a base fisiológica teórica para essa relação? Tanto Kuntsi quanto Milham explicaram que existe um material de pesquisa digno de nota apontando para uma relação muito provável entre o TDAH e o nível do neurotransmissor dopamina,[52] substância química que transmite sinais entre neurônios, tendo um grande papel no sistema de recompensa do cérebro. Portanto, se essa ligação de fato existe, ela sugere uma associação entre a curiosidade e a recompensa. Existem pesquisas que sirvam de base para tal associação? Definitivamente, conforme exploraremos nos capítulos 5 e 6, quando discuto em detalhes os processos do cérebro relacionados tanto ao aumento da curiosidade quanto à sua satisfação.

Voltando a Leonardo e seus interesses, parece que ele se atinha exclusivamente a um tópico enquanto durasse seu interesse, e não mais do que isso. Satisfeita a sua curiosidade em relação a determinado projeto, ele não via motivo para continuar trabalhando nele. Será que sofria de TDAH? Provavelmente, jamais saberemos, mas nem Kuntsi nem Milham riram da ideia. Como Bradley Collins escreveu em seu livro *Leonardo, Psychoanalysis, and Art History*: "Afirmações psicobiográficas devem suportar o duplo fardo de serem não apenas verdadeiras, mas também relevantes."[53] Acredito que a possibilidade de Leonardo sofrer de alguma forma de transtorno de déficit de atenção seja relevante, mas não ousaria declarar ter certeza de que ele sofria. Poderíamos argumentar que, dentro do espectro que vai da inibição comportamental à impulsividade, o TDAH pode ser visto como uma expressão extrema da busca por novidades — traço que sem dúvidas caracterizava Leonardo.

Em sua autobiografia, o matemático polonês naturalizado nos Estados Unidos Mark Kac estabelece uma distinção entre dois tipos de gênios:[54]

> Tanto nas ciências como em outros campos da exploração humana, existem dois tipos de gênios: os "comuns" e os "mágicos". Um gênio comum é um indivíduo em relação ao qual eu e você seríamos tão bons quanto, se simplesmente fôssemos muitas vezes melhores.

Não existe mistério em relação ao funcionamento da sua mente. Quando entendemos o que ele fez, temos certeza de que também poderíamos tê-lo feito. No caso dos mágicos, é diferente. Eles estão, para usar um jargão matemático, no complemento ortogonal de onde nos encontramos, e o funcionamento de suas mentes é, para todos os efeitos, incompreensível. Mesmo depois que entendemos o que eles fizeram, o processo pelo qual o fizeram é completamente obscuro. Eles raramente, se é que em algum caso, têm aprendizes, pois não podem ser imitados, e pode ser terrivelmente frustrante para uma jovem mente brilhante lidar com os caminhos misteriosos que a mente do mágico percorre.

Você pode pensar que Kac tinha Leonardo em mente quando escreveu essa passagem intrigante, mas ele estava descrevendo Richard Feynman — que, para Kac, era "um mágico do mais alto calibre".

3.

E mais curioso ainda

Quando Richard Feynman estava fazendo pós-graduação em Princeton, estudando física, um artigo de psicologia chamou sua atenção. O autor sugeria que o "senso de tempo" no nosso cérebro era de algum modo determinado por uma reação química envolvendo o ferro. Feynman rapidamente concluiu que aquilo era "um monte de besteira"[1] — a linha de raciocínio era vaga demais e envolvia etapas demais, cada uma das quais poderia estar errada. Ainda assim, ele ficou intrigado o bastante com a questão em si, com o que *de fato* controla a percepção do tempo, para iniciar sua própria série de investigações, mesmo apesar de o problema não ter nenhuma relação com sua pesquisa na época.

Ele começou provando a si mesmo que era capaz de fazer uma contagem mental seguindo um ritmo padrão aproximadamente constante. Em seguida, perguntou-se o que afetava esse ritmo. A princípio, achou que o ritmo podia estar relacionado ao ritmo cardíaco, mas, depois de repetir a experiência enquanto subia e descia as escadas correndo (com isso aumentando seu ritmo cardíaco), convenceu-se de que os batimentos cardíacos não tinham nenhum efeito. Então, tentou contar enquanto fazia a lista para a lavanderia e enquanto lia o jornal, e nenhuma dessas atividades parecia afetar o ritmo. No final das contas, ele percebeu que havia uma coisa que definitivamente não conseguia fazer enquanto contava: falar. A razão por trás dessa incapacidade era que ele estava essencialmente falando consigo mesmo durante o ato de contar. Ao mesmo tempo, ele descobriu que um de seus colegas, com quem havia discutido o problema, estava fazendo contagens mentais com um método diferente: imaginando uma fita em movimento com os números escritos. Esse colega não conseguia ler enquanto contava, mas conseguia falar com facilidade. A partir dessas experiências aparentemente triviais, Feynman concluiu que mesmo o simples ato de contar mentalmente pode envolver processos diferentes nos cérebros de pessoas diferentes: em um caso, contar significava essencialmente "falar", enquanto no outro significava "observar".

Caso você esteja curioso, hoje se sabe que não há uma área específica do cérebro dedicada exclusivamente ao registro da passagem do tempo ou ao relógio interno do corpo. Em vez disso, o sistema que governa a percepção do tempo (e a famosa confusão causada pela mudança de fuso horário) encontra-se amplamente distribuído no cérebro, envolvendo o córtex cerebral, o cerebelo e os núcleos da base. Genes no fígado, no pâncreas e em outros lugares mantêm as várias partes do corpo em sincronia. Pessoas que sofrem do mal de Parkinson, por exemplo, tendem a se enganar em relação à passagem do tempo em tarefas de estimativas temporais.[2] O tópico continua sendo uma área ativa de pesquisa.

O padrão de querer explorar cada fenômeno que o atraía continuou presente durante toda a vida de Feynman. Ao lado de suas monumentais contribuições para a teoria da eletrodinâmica quântica e da luz, à teoria da superfluidez — explicando as características peculiares do hélio líquido sem atrito — e à compreensão da força nuclear fraca, responsável por alguns decaimentos radioativos, ele buscava incansavelmente soluções para charadas do cotidiano. Sua mente curiosa aparentemente não estabelecia prioridades para os problemas que tentava resolver. Um dia, ele tentava encontrar uma teoria quântica da gravidade — problema extremamente complexo contra o qual os melhores físicos continuam lutando — e no outro brincava com a dobradura de tiras de papel em formas de origami chamadas flexágonos.[3] Como Leonardo, ele se sentia tão intrigado com a formação de ondas na superfície do mar pela ação do vento quanto com o atrito em superfícies polidas. Trabalhou em conceitos de vanguarda como a informação e a entropia (uma medida da desordem ou da aleatoriedade) na ciência da computação,[4] mas também nas propriedades elásticas de certos cristais, mais prosaicas. Nenhum problema era simples demais ou chato demais para ser explorado, contanto que pudesse ser abordado de forma original. Em parte, é por isso que Feynman foi descrito como o "Sherlock Holmes da física"; ele podia resolver os problemas mais incrivelmente complexos ou pequenos mistérios cósmicos usando pistas que somente ele conseguia enxergar.

Feynman não estava interessado apenas na ciência. Depois de ter uma série de discussões sobre as diferenças entre a arte e a ciência com seu amigo artista Jirayr "Jerry" Zorthian, Feynman decidiu que em domingos alternados daria aulas de física a Zorthian, enquanto este iria lhe ensinar a desenhar. Ao descrever como se deu esse acordo, Zorthian escreveu que Feynman o procurou certa manhã logo cedo e disse: "Jerry, tenho uma ideia. Você não sabe bulhufas sobre física, e eu não sei bulhufas sobre arte, mas nós dois admiramos Leonardo da Vinci. O que você diz de um domingo eu lhe dar um dia de física e no outro você me dar um dia de arte, e nós dois nos tornarmos Leonardo da Vinci?"[5] Mais tarde, Feynman explicou sua principal motivação para querer aprender a desenhar: "Eu queria transmitir uma emoção que tenho em relação à beleza do mundo [...]. É um sentimento de admiração — de admiração científica — que senti que poderia ser expresso através do desenho para alguém que tivesse a mesma emoção."[6]

Vindo do sentido oposto, de uma sensibilidade artística, essa era essencialmente a mesma emoção que Leonardo expressara ao escrever: "A pintura compele a mente do pintor a se transformar na própria mente da Natureza para tornar-se um intérprete entre Natureza e arte."[7]

A arte sou eu, a ciência somos nós?[8]

Passados muitos domingos nos quais Feynman tentou ensinar física a Zorthian enquanto aprendia a desenhar com o artista, ficou claro que, enquanto Feynman ao menos fazia algum progresso, o mesmo não podia ser dito de Zorthian. Nesse momento, Feynman escreveu: "Desisti da ideia de tentar fazer um artista apreciar o sentimento que eu tinha em relação à natureza para que *ele* pudesse retratá-lo. Eu agora precisaria redobrar meus esforços para aprender a desenhar de modo a poder fazer isso eu mesmo."[9] No final das contas, o primeiro desenho de Feynman a ser vendido em uma pequena exibição de arte no Caltech tinha o título bastante científico de *The Magnetic Field of the Sun* [O Campo Magnético do Sol]. Ele explicou como o havia criado: "Eu entendia como o campo magnético do Sol estava segurando as chamas [de uma proeminência solar], e havia, àquela altura, desenvolvido certa técnica para desenhar as linhas de um campo magnético (algo semelhante aos cabelos soltos de uma menina)." Não é fascinante? Leonardo desenhava fluxos turbulentos de água como tranças de cabelo, e Feynman desenhava o campo magnético do Sol como cabelos soltos!

Feynman também compartilhava com Leonardo a convicção de que o conhecimento da explicação científica e do contexto dos fenômenos naturais não reduz em nada o seu impacto emocional. De acordo com ele, se isso faz alguma diferença, é a de aumentar tal impacto. Ele voltava a esse tópico constantemente: "Os poetas dizem que a ciência elimina a beleza das estrelas — meras massas de átomos gasosos."[10] Ele se referia a comentários depreciativos, como os feitos pelo poeta romântico inglês do século XIX John Keats, que escreveu indignado:[11]

> *A filosofia pode cortar as asas de um anjo*
> *Derrubar todos os mistérios com régua e reta*
> *Eliminar os fantasmas do ar e a mina dos gnomos — desbravar o arco-íris.*

Ingenuamente, Keats culpava a ciência de matar a curiosidade. Seu contemporâneo, o poeta místico William Blake, tendia a concordar. "A arte é a árvore da vida", escreveu. "A ciência é a árvore da morte."[12] Blake expressou pontos de vista semelhantes visualmente. Em uma gravura feita à caneta, tinta e aquarela intitulada *Newton* (Figura 9 do encarte), ele retratou o famoso físico segurando um compasso. Para Blake, esse compasso (que também usou em sua representação de Deus na gravura em aquarela *Ancient of Days* [Ancião de Dias]) representava um instrumento que restringe a imaginação. Na gravura, o próprio Newton parece tão absorto em seus diagramas científicos que está completamente cego para a belíssima e intrincada rocha logo atrás de si, que Blake provavelmente usou para simbolizar o mundo criativo artístico.

Feynman não poderia ter discordado mais: "Eu também posso ver as estrelas numa noite no deserto, e as sentir", escreveu, "mas vejo menos ou mais? A vastidão dos céus amplia a minha imaginação — preso neste carrossel [a Terra em rotação], meu pequeno olho pode capturar luz de um milhão de anos [a luz que nos chega da distância de um milhão de anos-luz]. Um vasto padrão — do qual faço parte — talvez minha matéria tenha sido expelida por alguma estrela esquecida [...]. Qual é o padrão, ou o significado, ou o *porquê*? Não prejudica o mistério saber um pouco sobre ele. Muito mais maravilhosa é a verdade do que quaisquer artistas do passado imaginavam!"[13]

Feynman argumentava que conhecer parte da ciência por trás de objetos cósmicos, fenômenos e eventos nos faz apreciar a beleza da natureza ainda mais, e nossa curiosidade em relação aos mecanismos desse universo magnífico é consideravelmente aumentada, não diminuída: "O conhecimento da ciência só acrescenta à excitação, ao mistério e à admiração de uma flor." Como veremos no capítulo 4, pesquisas psicológicas e científicas modernas fortalecem a noção de que ficamos muito mais curiosos quando sabemos algo em relação a um tópico em particular e sentimos que ainda existe uma lacuna a ser preenchida em nosso conhecimento do que quando somos ignorantes em relação a ele.

Não devemos ter a impressão de que Feynman desenhava somente motivos relacionados à física, como campos magnéticos. Na tradição da maioria dos estudantes de arte, também procurava modelos femininos que concordassem em posar para ele. Assim descreveu uma dessas experiências em seu livro de humor *O senhor está brincando, sr. Feynman?*: "A garota que conheci em seguida e que quis que posasse para mim foi uma aluna do Caltech. Perguntei se ela posaria nua. 'Certamente', disse ela, e lá estávamos nós!"[14] Como Zorthian disse: "Ele tinha um interesse genuíno pelo desenho, mas os benefícios colaterais eram as garotas, é claro."[15]

Eu sei quem era essa aluna. Ela hoje é uma astrofísica muito conhecida e uma grande amiga, Virginia Trimble, que atualmente está na Universidade da Califórnia, Irvine. "Feynman me pagava 5,50 dólares por hora para posar, e também se ofereceu para me ensinar toda a física que eu conseguisse digerir",[16] contou-me Trimble. Eles tiveram cerca de duas dúzias de sessões. Uma delas estava marcada para o dia em que Feynman foi informado de que havia ganhado o Prêmio Nobel de Física. "Ele veio me dizer que teríamos de cancelar o compromisso", lembrou Trimble. A Figura 10, no encarte, mostra Trimble muito mais tarde em sua casa; um dos desenhos que Feynman fez dela está pendurado na parede logo atrás.

Perguntei a Trimble se durante as sessões em que posava, as aulas de física e as conversas com Feynman ela percebia que ele tinha curiosidade em relação a tópicos pouco relacionados à física fundamental pela qual é mais conhecido. "É claro", respondeu ela. "Em determinado momento, ele ficou extremamente curioso em relação ao que determinava o brilho de uma vela. Não se importava com nenhuma tentativa anterior de entender esse problema — precisava entendê-lo sozinho. Além disso", acrescentou ela, "ele não gostava do silêncio".

A irmã de Feynman, a astrofísica Joan Feynman, deu-me uma informação adicional: "Era mais fácil para ele pensar em um problema sozinho do que ler tudo que tivesse sido escrito anteriormente por outros, já que a última opção também incluía ler coisas que estavam erradas."

A pessoa que pode ter sido a modelo favorita de Feynman, Kathleen McAlpine-Myers, expressa sentimentos semelhantes: "Não sei se eu poderia realmente explicar, mas ele sempre teve uma curiosidade enorme em todas as situações. Não importava o que fosse — qualquer situação era para ele imensamente curiosa, e ele simplesmente precisava saber o que aconteceria."[17] Essa atitude de querer explorar tudo por si mesmo lembra a expressão de Leonardo: "Embora eu não possa citar autores como outros, citarei o que é muito mais importante e válido: a experiência." De fato, se não fosse pela matemática elaborada, uma página de 1985 com esboços de Feynman (Figura 11 do encarte) quase parece ter sido arrancada de um dos cadernos de Leonardo.

Apesar dos quase cinco séculos de progresso científico que separam Leonardo e Feynman, os tópicos que despertavam seu interesse às vezes se sobrepunham belamente. Por exemplo, ambos se sentiam intrigados em relação à física da luz de uma vela. No manuscrito conhecido como *Codex Atlanticus* (datado de aproximadamente 1508-10), Leonardo dedicou um texto bastante longo ao "movimento da chama". O documento resume as experiências detalhadas de Leonardo com velas acesas e suas observações sobre chamas tremeluzentes (Figura 12 do encarte). Mais importante, o texto demonstra de forma contundente como Leonardo era capaz de transformar suas conclusões penetrantes sobre um fenômeno em ideias a respeito de princípios universais que identificava como princípios que governavam todos os processos naturais. Nas palavras do seu estudioso Paolo Galluzzi, Leonardo "registrou a série extraordinária de pensamentos desencadeada pela vela que queimava em sua mesa",[18] e suas analogias ousadas o levaram à sua visão unificada do corpo humano e do mundo físico.

Uma "imagem engraçada" vale mil palavras

O legado mais duradouro de Feynman no mundo da física são os diagramas cartunescos que ele inventou para representar de forma pictórica as interações entre partículas subatômicas e a luz. Essas "imagens engraçadas", como Feynman certa vez as descreveu, hoje são chamadas de "diagramas de Feynman".[19] Exemplos desses diagramas são mostrados na figura a seguir:

```
  e  fóton virtual  e           ῡₑ
   \     ~~~~     /        p  \     / e
    \            /          \  W⁻  /
    /            \          /  ---  \
   /              \        /         \
  e                e      n
      Eletromagnético              Fraco
```

Primeiro, vamos entender o que um desses diagramas realmente significa, ao menos em termos muito simples. O que está à esquerda representa dois elétrons aproximando-se e interagindo pela troca de um fóton (não observado) "virtual" — o mensageiro da força eletromagnética. Isto é, esse diagrama supostamente representa o fato de que dois elétrons, ambos com carga negativa, repelem-se à medida que interagem através do espaço e do tempo. No diagrama à direita, um nêutron e uma partícula muito leve (e interagindo muito fracamente) chamada neutrino interagem pela troca de uma partícula W^- virtual — uma das mensageiras da força nuclear fraca — para produzir um próton e um elétron.

A representação visual desses processos físicos fundamentais é de suma importância. Assim como Leonardo usou sua capacidade artística única para representar a realidade capturada pelos nossos olhos (ao mesmo tempo revelando algo a respeito dos mecanismos da sua mente), Feynman usou sua intuição sem paralelo no campo da física para produzir uma nova forma pictórica de representar o mundo subatômico invisível. O ponto-chave é que os diagramas não eram apenas desenhos simbólicos. Eles forneciam uma prescrição precisa de como representar e *calcular* as probabilidades de todos os processos "virtuais" que poderiam contribuir para a interação particular sendo estudada e para gerar predições teóricas que poderiam ser diretamente comparadas a resultados experimentais. Por exemplo, esse novo método de pensar acabou por levar a uma previsão da força do minúsculo ímã associado ao elétron. O constructo teórico está de acordo com medidas experimentais da mesma grandeza, com uma margem de erro de algumas partes por trilhão![20]

Os diagramas de Feynman oferecem aos físicos um novo e poderoso kit de ferramentas. Da perspectiva de Feynman, os diagramas também contribuíam com uma coisa que faltava nos cálculos puros: um guia claro sobre como percorrer cada etapa — algo que só a visualização possibilita. Na verdade, Feynman acreditava que até Einstein perdera seu toque de mágica ao recorrer exclusivamente aos cálculos. Certa vez, ele disse ao físico Freeman Dyson (e Dyson concordou) que o grande trabalho de Einstein viera da intuição física, e que, quando Einstein parou de criar, foi porque parou de pensar em imagens físicas concretas e se tornou um manipulador de equações.[21]

Richard faz-tudo

Apesar de a maioria dos trabalhos mais originais de Feynman terem se dado dentro do campo da física, ele muitas vezes explorou a sua relação com outras ramificações da ciência.[22] Observou, por exemplo, que a química teórica na verdade é uma aplicação das regras da mecânica quântica — e, portanto, faz parte da física, mesmo apesar de às vezes ser difícil fazer previsões precisas na química devido à complexidade dos sistemas envolvidos. Voltando sua atenção para a biologia, Feynman, que integrava o Departamento de Física do Caltech, estudou com seriedade o assunto por cerca de um ano com a ajuda de membros do corpo docente do instituto. Ele aprendeu biologia o suficiente para fazer uma contribuição original para o estudo da mutação genética. Gostava de apontar que, em seu cerne, os processos vitais — da circulação sanguínea, passando pela transmissão de informações através dos nervos, ao funcionamento dos sentidos da visão e da audição — são todos governados pelas leis da física. Esse era, em essência, precisamente o ponto de vista de Leonardo, ainda que não fizesse ideia de quais eram essas leis. Em um de seus aclamados *Lições de física de Feynman*, ele tentou explicar em algum detalhe os princípios fundamentais por trás dos mecanismos das enzimas, das proteínas e do DNA.[23] Reconhecendo a complexidade inerente de componentes e processos biológicos, não obstante ele se sentiu compelido a enfatizar que existe uma base sólida para se tentar entender a vida da perspectiva da física. Em suas palavras: "Todas as coisas são compostas por átomos", e, portanto, "tudo que os seres vivos fazem pode ser entendido em termos de átomos rebolando". Por mais vaga que essa afirmação possa soar, para a maioria dos cientistas ela representa uma verdade básica inquestionável.

Feynman ficou encantado pelo fato de a astrofísica ter descoberto a fonte de energia que alimenta o Sol e as estrelas — reações da fusão nuclear que combinam átomos leves para formar átomos mais pesados nas fornalhas extremamente quentes dos núcleos estelares. Hoje, a astronomia e a física estão tão intimamente relacionadas que o Prêmio Nobel de Física de vez em quando é dado por descobertas da astronomia.

A astrofísica deu também a Feynman outra oportunidade de expressar sua opinião de que a compreensão da ciência por trás dos fenômenos naturais amplia o seu reconhecimento e influência. Em primeiro lugar, ele lamentava o fato de os poetas não parecerem admirar o conhecimento fascinante acumulado sobre os planetas e as estrelas: "Que tipo de homens são os poetas, capazes de falar de Júpiter quando o consideram um homem, mas sendo ele uma imensa esfera rodopiante de metano e amônia deve ser silenciado?" Em segundo, chegou ao ponto de manifestar seus protestos em relação ao trabalho poético nas páginas do *Los Angeles Times*. Em resposta à sua carta, a senhora Robert Weiner escreveu para Feynman dizendo que, ao contrário das suas acusações, "os poetas modernos escrevem praticamente sobre tudo, inclusive espaços interestelares, o desvio para o vermelho e quasares".[24] Ela anexou uma cópia do poema de W. H. Auden, "After Reading a Child's Guide to Modern Physics".* Feynman não se convenceu. Em sua resposta, datada de 24 de outubro de 1967, ele observou que o poema só confirmou sua crença de que os poetas contemporâneos "não demonstram nenhuma apreciação

---

* "Depois de ler um guia infantil de física moderna". [*N. da T.*]

emocional pelos aspectos da Natureza que foram revelados nos últimos quatrocentos anos".

Nesse contexto, Feynman gostava de contar uma história (que pode ser apócrifa), hoje interpretada como uma narrativa associada ao astrofísico Arthur Eddington, e às vezes ao físico Fritz Houtermans, ambos pioneiros científicos que reconheciam que as estrelas são abastecidas por "reatores" de fusão nuclear em seus centros. De acordo com essa anedota, Eddington (ou Houtermans) e sua namorada estavam contemplando o céu noturno quando ela disse: "Veja como é lindo o brilho das estrelas!"[25] Ao que Eddington (ou Houtermans) respondeu: "Sim, e neste momento eu sou o único homem do mundo que sabe *por que* elas brilham." A jovem limitou-se a rir dele. O ponto importante aqui não é se a história é verdadeira ou não. Charlotte Riefenstahl, namorada de Houtermans, e mais tarde sua esposa, também era doutora em física, e sem dúvidas entendia muito bem a importância da decifração da fonte do brilho estrelar. A relevância da história está no fato de Feynman *achar* que ela era verdadeira, e para ele ela era mais uma manifestação da falta perturbadora de reconhecimento e valorização da "poesia" da ciência.

Como não seria de se surpreender, Feynman apontava para os campos da meteorologia e da geologia como áreas em que os físicos *não* haviam sido particularmente bem-sucedidos na tentativa de fazer previsões detalhadas. No caso das previsões meteorológicas, ele observava o entendimento relativamente medíocre dos fluxos turbulentos (tópico pelo qual demonstrava grande interesse e que continua praticamente sem solução), e no que diz respeito às ciências da Terra ele observou as lacunas do nosso conhecimento tanto sobre o que provoca o vulcanismo quanto sobre as correntes circulantes no interior do planeta. Nesse aspecto, uma das características de Feynman era não hesitar em admitir sua ignorância: "O nosso desempenho quando o assunto é a Terra é muito menor do que nas condições da matéria das estrelas." Ao que rapidamente acrescentou, com um misto de desapontamento e esperança: "A matemática envolvida parece difícil demais, até então, mas talvez não demore muito para alguém se dar conta da importância do problema e realmente se esforçar para solucioná-lo." Ou seja, esperava que alguém fosse tão curioso como ele sempre fora e aceitasse o desafio de tentar resolver aquele problema difícil.

Talvez o tópico mais complexo e intrigante abordado por Feynman durante sua luta para conectar a física a outras ciências tenha sido o da psicologia. Aqui, sua curiosidade se manifestou mais dramaticamente na seguinte pergunta sagaz: "Quando um animal aprende algo, pode fazer alguma coisa diferente do que fazia antes, e seu neurônio deve ter mudado também, já que é feito de átomos. *De que forma isso é diferente?*" Refletindo os sentimentos de uma era em que não existiam técnicas como a ressonância magnética funcional ou experiências com a estimulação magnética transcraniana, capazes de fornecer imagens do cérebro em atividade, Feynman acrescentou: "Não sabemos onde procurar, ou pelo que procurar, quando algo é memorizado." Mesmo aqui, no entanto, ele enxergou meio de brincadeira, mas com perspicácia, um meio de avançar através da solução, em primeiro lugar, de um problema mais simples: "Se pudéssemos pelo menos entender como um *cachorro* funciona, já teríamos avançado muito."

O que tornava Feynman bastante diferente de muitos outros físicos da época era o seu grande interesse não só por muitas áreas da física, mas também por assuntos de áreas bem diferentes. Seu amigo artista Zorthian escreveu que certa vez ouviu Murray Gell-Mann, também um físico brilhante e colega de Feynman no Caltech, queixar-se do que considerava as várias distrações de Feynman: "Precisamos da sua contribuição [de Feynman] no Caltech, precisamos que ele converse conosco sobre física. Mas o que ele faz? Sai e passa todo o seu tempo com go-go girls, percussionistas de bongô e artistas."[26]

Talvez fosse de se esperar que alguém com o amplo conhecimento de Feynman, sua curiosidade fervorosa e seu interesse em todos os domínios da física fundamental fosse um grande defensor do que se tornou conhecido como a "teoria de tudo" — uma estrutura capaz de englobar e explicar todas as partículas subatômicas elementares e unificar todas as forças fundamentais da natureza. Entretanto, Feynman hesitou. "As pessoas acham que estão muito perto da resposta, mas eu não",[27] admitiu.

Chegou até mesmo a duvidar da existência de tal teoria: "Se a natureza possui ou não uma fórmula definitiva, simples, unificada e bela é uma questão em aberto, e não quero afirmar uma coisa nem outra."

No final das contas, ele reconheceu que até sua curiosidade insaciável podia ter limites. Assim como Leonardo precisou aceitar que a caverna que avistava nas montanhas podia esconder "coisas maravilhosas no seu interior" que eram inacessíveis, Feynman admitiu: "Não preciso saber a resposta. Não me sinto assustado por não saber as coisas, por estar perdido em um universo misterioso sem nenhum propósito [...]. Isso não me assusta."

Curiosamente, há mais um assunto em que tanto Feynman como Leonardo se envolveram — ainda que, dada a imensa lacuna tecnológica entre os respectivos períodos em que viveram, sua associação a ele tenha se manifestado de formas bastante diferentes. Trata-se do simples ato da escrita.

Quantos anjos podem dançar na cabeça de um alfinete?

Como sabemos, Leonardo usava a escrita espelhada na maioria das suas anotações; isto é, ele começava do lado direito da página e escrevia para a esquerda, produzindo textos que só pareciam normais quando refletidos por um espelho. Não sabemos por que Leonardo adotou essa prática em particular; ele escrevia da esquerda para a direita em bilhetes simples dirigidos a outras pessoas. Pelo menos duas teorias foram apresentadas — uma da conspiração e outra mais prática. A primeira sugere que Leonardo estava tentando esconder suas ideias dos outros, seja de pessoas que podiam roubar suas invenções, seja da Igreja, cujos ensinamentos podiam ir de encontro às suas observações. A segunda teoria argumenta que, como Leonardo era canhoto, ao escrever da esquerda para a direita, sua mão poderia borrar a tinta fresca.

Devo observar que Galluzzi está convencido de que a teoria da conspiração é completamente irrelevante.[28] Ele apontou que escrever da direita para a esquerda é algo muito natural para os canhotos. "Além disso", observou, "a escrita espelhada é um método muito bobo para ocultar qualquer coisa, já que o texto pode ser lido facilmente com a ajuda de um espelho".

Feynman expressou seu interesse pelo processo da escrita em uma palestra que fez em 1959. Ele abriu com uma pergunta surpreendente: "Por que não podemos escrever todos os 24 volumes da *Enciclopédia Britânica* na cabeça de um alfinete?"[29] Em seguida, com sua lógica afiadíssima, analisou o problema. As estimativas eram muito simples. Como a cabeça de um alfinete tem 1/16 de polegada de diâmetro, sua área é cerca de 25 mil vezes menor do que a área do conjunto de todas as páginas da *Enciclopédia Britânica*. Portanto, deduziu Feynman, seria necessário tão somente reduzir em 25 mil vezes o tamanho de todos os textos da *Enciclopédia Britânica*. Como Leonardo, porém, Feynman não era homem de se contentar apenas com a identificação do problema. Ele começou imediatamente a analisar se isso seria possível com base nas leis da física. Notou que, mesmo após tal encolhimento, cada pequeno ponto dos finos sombreados da reprodução de uma enciclopédia ainda assim conteria em sua área cerca de mil átomos, e, assim, "não há dúvidas de que há espaço suficiente na cabeça de um alfinete". Ele prosseguiu argumentando que, mesmo com a tecnologia do final dos anos 1950, o texto seria legível.

Se podemos fazer isso com a *Enciclopédia Britânica*, Feynman indagou, por que não seria possível fazê-lo com todas as informações importantes registradas pelos seres humanos em livros ao longo de toda a sua história cultural? Ele estimou que o conhecimento documentado completo poderia ser reunido em cerca de 24 milhões de volumes. Por consequência, concluiu que mesmo sem nenhuma codificação, simplesmente reproduzir e encolher esse conteúdo requereria não mais do que por volta de 35 páginas comuns da *Enciclopédia Britânica*. Admitiu que não existia nenhuma técnica na época para de fato produzir os textos, mas insistiu que a tarefa um dia poderia ser executada. Para reforçar sua teoria, ofereceu mil dólares a qualquer pessoa capaz de reduzir uma página impressa em 25 mil vezes seu tamanho original e ainda mantê-la legível.

Feynman estava certo. O prêmio foi recebido em 1985, quando Tom Newman, na época aluno de graduação da Universidade de Stanford, conseguiu realizar a redução desejada usando a mesma tecnologia usada para gravar circuitos eletrônicos em chips de computador.[30] Ele reduziu a primeira página de *Um conto de duas cidades* à área de 5,9 × 5,9 micrômetros. O texto resultante podia ser lido com um microscópio eletrônico, fortalecendo a crença na lendária intuição de Feynman.

A nanotecnologia atual — a manipulação da matéria numa escala atômica ou molecular — dia após dia produz feitos fantásticos de miniaturização. Por exemplo, Joel Yang, da Universidade de Tecnologia e Design de Singapura, conseguiu criar uma cópia ínfima de *Impressão, nascer do sol*, a pintura de Claude Monet que deu nome ao movimento impressionista.[31] Com a troca das tintas a óleo por uma paleta em nanoescala de silício, Yang gerou uma cópia da obra-prima com apenas cerca de 0,01 polegada de diâmetro. A Nanobíblia, por sua vez, é uma placa de silicone banhada a ouro do tamanho de uma cabeça de alfinete que contém gravada toda a Bíblia hebraica — mais de 1,2 milhão de caracteres.[32]

A última curiosidade

Talvez o exemplo mais surpreendente da curiosidade incrível de Feynman tenha sido fornecido pelo testemunho emocionante de sua irmã mais nova, a doutora em astrofísica Joan Feynman, sobre seus últimos dias de vida. Ao descrever esse período difícil, ela escreveu: "Então, esse homem que havia passado mais ou menos um dia e meio em coma e sem se mexer ergue as mãos e gesticula como um mágico, como se quisesse dizer 'Nada nas mangas', e em seguida coloca as mãos atrás da cabeça. Era para nos dizer que quando estamos em coma podemos ouvir e pensar."[33]

Ela acrescentou que pouco mais tarde Feynman saiu do coma por um breve período e observou, fazendo graça: "Essa coisa de morrer é um tédio, eu não faria de novo."[34] Essas acabaram sendo suas últimas palavras. Para Joan, o que é incrível é que até o último suspiro Feynman "estava pensando em dar aos vivos mais algumas informações sobre a vida e a natureza e sobre como era morrer. Ele ainda estava observando a natureza no momento da partida".

Feynman morreu pouco antes da meia-noite de 15 de fevereiro de 1988. Talvez estas suas palavras sejam as que resumam melhor a sua personalidade: "Não sei de nada, mas sei que qualquer coisa se torna interessante quando nos aprofundamos o bastante."

No dia 10 de outubro de 1517, Leonardo recebeu a visita do cardeal Luís de Aragão. Além de descrever três pinturas que Leonardo havia mostrado ao cardeal, o secretário deste último, Antonio de Beatis, escreveu maravilhado sobre o pintor: "Esse cavalheiro reuniu um tratado particular de anatomia, com uma demonstração em esboços não apenas dos membros, mas também dos músculos, nervos, veias, juntas, intestinos, e tudo que pode ser analisado nos corpos dos homens e das mulheres, de um modo até hoje jamais feito por ninguém mais. Tudo isso vimos com nossos olhos [...]. Ele também escreveu sobre a natureza da água, máquinas e outras coisas, tudo registrado em um número incontável de volumes."[35]

Leonardo morreu no Castelo de Cloux, na França, no dia 2 de maio de 1519. Ele certa vez escreveu: "Enquanto eu pensava estar aprendendo a viver, eu estava aprendendo a morrer."[36] Embora a descrição pitoresca que Vasari fez de Leonardo morrendo aninhado nos braços do rei Francisco I provavelmente não passe de uma lenda poética, não há dúvidas de que o rei reconhecia todo o valor da grandeza de Leonardo. De acordo com o escultor e ourives Benvenuto Cellini, mais tarde empregado por Francisco I, o rei lhe disse que "não acreditava que jamais nascera um homem que soubesse tanto quanto Leonardo, não apenas na área da pintura, da escultura e da arquitetura, mas por também ser um grande filósofo".

Leonardo e Feynman claramente representam o raríssimo extremo do espectro das pessoas curiosas. Ambos tinham a capacidade de transformar até fraquezas humanas (e pessoais) em mais uma peça interessante do quebra-cabeça composto pelo grande mistério do cosmo. Todavia, essencialmente todos os indivíduos (com a exceção, talvez, dos que sofrem de depressões ou danos cerebrais muito graves) experimentam a curiosidade, mesmo que sua profundidade e abrangência possam variar de uma pessoa para outra. Na verdade, uma nova fonte poderosa de curiosidade surge no mundo a cada vez que um bebê nasce.

Há alguma lição específica imediata sobre a curiosidade em geral a ser extraída desse exame de Leonardo e Feynman? Pelo menos uma parece óbvia: os mecanismos do cérebro responsáveis por gerar curiosidade aparentemente não são nem aqueles responsáveis por uma capacidade matemática especial (que Leonardo não tinha) nem os relacionados aos talentos artísticos excepcionais (que Feynman não tinha). Em vez disso, *uma condição necessária para uma curiosidade aguçada parece ser a capacidade de processamento de informações.* A curiosidade prodigiosa como a que Leonardo e Feynman tinham em relação a tantos tópicos ("ele se esbaldava na curiosidade sobre a natureza", me contou Joan Feynman sobre o irmão) requer não apenas uma capacidade cognitiva superior, mas também mecanismos cerebrais que atribuem grande valor ao aprendizado e ao conhecimento adquirido. Estes, por sua vez, envolvem necessariamente um processamento muito eficiente de dados.

Quais são, portanto, os pontos de vista científicos contemporâneos sobre a verdadeira natureza, a atuação e os objetivos da curiosidade? Nos capítulos 4 e 5, veremos a descrição de algumas ideias e experiências que surgiram a partir dos avanços na psicologia moderna, e, no capítulo 6, será apresentada uma breve exposição dos fascinantes resultados iniciais da neurociência. Pela sua própria natureza, esses três capítulos são um pouco mais técnicos do que o resto do livro e incorporam excitantes descobertas recentes que possibilitaram um progresso significativo no nosso entendimento da curiosidade.

4.

Curioso sobre a curiosidade: lacuna da informação

O PSICÓLOGO PAUL SILVIA, DA UNIVERSIDADE DA CAROLINA DO Norte, em Greensboro, abriu um de seus artigos sobre curiosidade e motivação com esta inquietante observação: "A curiosidade é um conceito antigo no estudo da motivação humana, e, como muitos dos veneráveis problemas da psicologia, o problema da curiosidade parece tratável o suficiente para ser intrigante, mas complicado demais para algum dia ser resolvido."[1] O que você pode achar revelador é o fato de o comentário de Silvia ter sido feito recentemente, em 2012. Sabendo disso, talvez não seja de se surpreender que cerca de duas décadas antes os psicólogos Charles Spielberger e Laura Starr, da Universidade do Sul da Flórida, tenham feito uma observação parecida: "Embora muitos investigadores tenham se dedicado à pesquisa da curiosidade e do comportamento exploratório, a literatura continua sendo caracterizada por diversos pontos de vista teóricos e descobertas empíricas contraditórias."[2] O fato de a natureza motivacional da curiosidade ter gerado teorias psicológicas que apontam em direções diferentes sugere que essa é uma área bastante fluida de pesquisa, na qual ainda temos muito pela frente antes que uma teoria ampla e convincente sobre a curiosidade possa surgir. A curiosidade com frequência é posta no mesmo saco que outros elementos psicológicos que caracterizam a consciência humana, e a consciência humana, como coloca o cientista da cognição e filósofo Daniel Dennett, "provavelmente é o último mistério sobrevivente".³ O que Dennett quer dizer é simplesmente que, enquanto hoje sabemos ao menos como pensar em conceitos tão complexos quanto espaço, tempo e as leis da natureza (mesmo que ainda não tenhamos uma teoria definitiva para todos), a consciência "é, na atualidade, o único tópico que frequentemente deixa até mesmo o pensador mais sofisticado sem palavras e confuso".

O problema de compreender inteiramente a natureza da curiosidade é ainda reforçado pelo fato de que não existe sequer uma definição única do termo *curiosidade* que seja aceita por todos. Por consequência, fenômenos tão diferentes quanto a motivação para conduzir explorações em águas profundas e a emoção provocada ao vermos *Jeopardy** na televisão costumam ser agrupados sob o mesmo tópico da curiosidade. Além disso, como a neurociência é uma disciplina bem mais jovem do que a psicologia, as nuances neurais precisas da curiosidade são menos compreendidas ainda do que as psicológicas.

Apesar dessas dificuldades, graças a um progresso recente na psicologia cognitiva e ao amadurecimento das técnicas de neuroimagiologia, os pesquisadores obtiveram e continuam obtendo grandes avanços tanto em suas investigações sobre o que estimula a curiosidade e quais são os mecanismos que ela envolve, como na identificação das regiões precisas do cérebro ativadas no surgimento e na atenuação da curiosidade.

Para não nos preocuparmos demais com detalhes desde o início, vou começar adotando como definição da curiosidade a fórmula bastante ampla sugerida pelos cientistas Celeste Kidd e Benjamin Hayden, da Universidade de Rochester: a curiosidade é um estado de apetite por informações.⁴ Aliás, mais simples ainda: a curiosidade é o desejo de saber o porquê, como ou quem. Precisaremos usar uma definição mais precisa e completa mais tarde, especialmente no que diz respeito às investigações cognitivas e neurocientíficas.

Antes de mergulharmos mais fundo nas linhas científicas de pensamento sobre a essência da curiosidade, quero começar com a pergunta

---

* Famoso programa de perguntas e respostas da televisão americana. [*N. da T.*]

muito mais simples (ao menos aparentemente): o que geralmente desperta a curiosidade das pessoas em suas vidas diárias? Para uma tentativa preliminar de responder a essa pergunta, conduzi uma pequena pesquisa informal entre alguns dos meus colegas de trabalho. Pedi que descrevessem o que mais provocava a sua curiosidade, fora os interesses profissionais. Disse que não estava particularmente interessado em saber se algum dia eles haviam cedido à tentação de olhar para um diário aberto; em vez disso, eu queria saber quais eram os temas aos quais haviam devotado algum tempo e pelos quais haviam sido cativados o suficiente para mergulharem neles, seja através da leitura e de discussões, seja navegando na internet e assistindo a programas de televisão.

Achei os resultados muito fascinantes pelo fato de que, dos dezesseis entrevistados, não houve sequer duas pessoas que tenham citado o mesmo tópico. Uma pessoa sentia curiosidade em relação ao dilema "natureza versus criação", ou a identificação do principal fator determinante do desenvolvimento e da personalidade das pessoas entre hereditariedade e ambiente. Apenas duas outras pessoas citaram tópicos de algum modo relacionados a esse. Uma se sentia curiosa em relação aos processos precisos do cérebro envolvidos na aprendizagem infantil; outra gostaria de saber se existem diferenças fisiológicas claramente discerníveis entre os cérebros das pessoas de "mente aberta" e os cérebros daqueles indivíduos que são extremamente rígidos em suas opiniões. Conforme veremos, esses dois tópicos na realidade estão diretamente ligados à curiosidade, já que um dos seus principais "objetivos" parece ser maximizar o aprendizado e que a curiosidade é uma das várias facetas da abertura. De certa forma, portanto, esses dois colegas estavam curiosos sobre a curiosidade.

Duas pessoas tinham curiosidade em relação a aspectos dos esportes: uma gostaria de saber a verdadeira extensão do doping em diversas modalidades esportivas, enquanto a outra estava interessada na ciência por trás dos esportes. Duas pessoas estavam curiosas a respeito de tópicos relacionados à Terra: uma queria conhecer melhor a história geológica do nosso planeta, e a outra, o mundo ainda quase inexplorado do fundo do oceano. Dois dos assuntos envolviam história: a curiosidade de uma das pessoas estava concentrada na Segunda Guerra Mundial, enquanto a outra estava interessada em como chegamos à posição em que nos encontramos atualmente a partir da Revolução Industrial. Os outros colegas tinham seus próprios objetos únicos de curiosidade: antiguidades, vinho, dados que caracterizam as vidas das pessoas, cores e formatos do design de interiores, linhas aéreas, o distúrbio do colapso das colônias de abelhas e a crônica das conquistas dos ativistas sociais proeminentes.

Até mesmo esse experimento assistemático revelou alguns pontos interessantes. Em primeiro lugar, poucos tópicos refletiam o que poderíamos chamar de hobbies pessoais — isto é, interesses adotados primariamente por prazer ou para relaxar. Entre eles, estavam o design de interiores, vinhos e antiguidades. Outros assuntos parecem ter despertado curiosidade por serem surpreendentes ou inesperados: por exemplo, o fenômeno do distúrbio do colapso das colônias — o desaparecimento repentino de abelhas operárias de colônias de abelhas produtoras de mel em todo o globo — e as revelações chocantes sobre o doping endêmico no ciclismo, no baseball e até no tênis. Outro elemento distintivo que parecia originar curiosidade era o que a cientista da cognição do MIT Laura Schulz chama de "evidência confusa"[5] — em outras palavras, situações tão ambíguas que não conseguimos decidir entre hipóteses ou ideias concorrentes, ou em que as informações existentes não são suficientes para tirarmos conclusões sólidas. Temas que se encaixam nessa categoria incluíam o dilema da natureza versus a criação e a questão que indaga se uma mente aberta ou a intolerância são características manifestadas através de algo que pode ser observado no cérebro humano.

A maioria da população norte-americana tem mais interesse em quê? Para encontrar a resposta, examinei os arquivos mais lidos na Wikipédia entre 2012 e 2015. No topo da lista, estavam as companhias de tecnologia e suas redes sociais ou produtos da informação (como o Facebook, Google, YouTube, Instagram, Wiki), certos filmes campeões de bilheteria e programas de televisão (por exemplo, *Jogos vorazes*, *Breaking Bad*, *Os Vingadores*, *Batman: o cavaleiro das trevas ressurge*, *Star Wars: Episódio VII — O despertar da força*), as mortes de pessoas famosas (Neil

Armstrong, Whitney Houston, Dick Clark, Margaret Thatcher, Nelson Mandela, Robin Williams, Oliver Sacks, Yogi Berra), as vidas das celebridades em geral (Kate Middleton, Kim Kardashian, Miley Cyrus) e eventos esportivos (como a Copa do Mundo da FIFA de 2014).

Essa pesquisa nada sofisticada sobre a internet aponta para alguns elementos adicionais que podem induzir à curiosidade. Por exemplo, o interesse por novos produtos tecnológicos reflete a busca por novidades e a vontade de aprender. O fascínio pelas vidas (e mortes) das celebridades pode ser de forma geral caracterizado como "fofoca", e a fofoca (como veremos no capítulo 7) pode ter tido um papel essencial no nosso sucesso evolutivo. Devo observar, porém, que a lista da Wikipédia provavelmente é dominada pelos interesses de um público relativamente mais jovem. Por exemplo, em dezembro de 2015, 48,5% dos "viciados" norte-americanos pela internet que usavam o Instagram tinham entre 18 e 34 anos, e apenas 5,5% tinham 65 ou mais.[6]

Embora a natureza extremamente diversa das listas de tópicos que provocam a curiosidade possa, a princípio, parecer impossível de se analisar, os psicólogos desenvolveram maneiras engenhosas de agrupar esses assuntos em um número menor de categorias. De modo particular, lembremos que o psicólogo Daniel Berlyne mapeou a curiosidade em um gráfico bidimensional.[7] Em um eixo, a curiosidade ia do *específico* (o desejo ou necessidade por informações distintas) para o *diverso* (a busca incessante de estímulos para evitar o tédio). O outro eixo ia da curiosidade *perceptiva* (provocada por estímulos surpreendentes, ambíguos ou novos) à *epistemológica* (a ânsia genuína por novos conhecimentos). A classificação perspicaz de Berlyne, embora não seja única, é útil por nos permitir localizar qualquer curiosidade em particular no gráfico. Por exemplo, poderíamos argumentar que a curiosidade gerada pela evidência confusa — ou, por equivalência, a curiosidade que costuma motivar a pesquisa científica básica — pertence ao quadrante epistemológico-específico do mapa. Ou seja, buscamos algumas informações que possam nos ajudar a decidir entre alternativas ou que nos ajudem a resolver problemas complexos. Por fim, os cientistas com frequência conduzem suas investigações com o objetivo de descobrir respostas para questões específicas claramente definidas. Por outro lado, a curiosidade que provoca acessos incessantes ao Twitter logo após manchetes de tabloides ou o desejo de checar novas mensagens de texto provavelmente se encontra na região perceptiva diversificada. Em outras palavras, pessoas estão buscando distrações, diversão ou surpresas. Como veremos no capítulo 6, a distinção entre a curiosidade *perceptiva* (despertada pela novidade) e a curiosidade *epistemológica* (o desejo pelo conhecimento) em particular pode se manifestar em regiões diferentes do cérebro que são ativadas pela curiosidade.

Podemos dar a Berlyne o crédito de ter dado um lugar importante na agenda psicológica ao conceito da curiosidade. Uma comparação simples entre as edições da *Psychological Abstracts** anteriores a 1960, ano da publicação do livro de Berlyne, *Conflict, Arousal and Curiosity*, e um volume mais recente demonstra o impacto que ele provocou nesse campo de pesquisa. Mais tarde, Berlyne, que também era um pianista competente e um grande amante das artes,[8] desenvolveu ainda uma curiosidade pela estética, especificamente pelo que torna certas obras de arte atraentes. Apesar de ser uma pessoa muito reservada e tímida — que, como disseram seus amigos, costumava ficar quieto a um canto segurando um gim com tônica nos eventos sociais de organizações de psicologia[9] —, sua influência tanto no laboratório como na comunidade psicológica como um todo foi marcante.

Berlyne fez outra contribuição seminal e duradoura para o estudo da curiosidade, com a identificação de uma classe de fatores distintos que, do seu ponto de vista, determinavam se algo era ou não interessante e digno de exploração. Esses fatores são a novidade, a complexidade, a incerteza e o conflito. A *novidade* caracteriza tópicos ou fenômenos que não podem ser facilmente categorizados dentro de experiências e expectativas anteriores. Por exemplo, a descoberta de uma nova espécie biológica ou o lançamento de um smartphone inédito. A *complexidade*

---

* Periódico publicado pela Associação Americana de Psicologia até 2006. [*N. da T.*]

identifica os objetos ou eventos que não seguem padrões regulares, mas certa variedade de componentes vagamente integrados. Esse conceito é usado, por exemplo, para descrever os acontecimentos ocorridos na economia, em que muitas pessoas e companhias tentam entender o comportamento do mercado com base em quaisquer informações que possuam, e em que criam coletivamente resultados aos quais devem reagir com rapidez. A *incerteza* (à qual retornarei com mais detalhes na próxima seção) caracteriza situações em que qualquer número de resultados alternativos é possível. Qualquer um que acompanhe as previsões do tempo está familiarizado com a incerteza; apesar dos sofisticados modelos computacionais e das tecnologias modernas, os meteorologistas de vez em quando ainda erram. Por fim, o *conflito* descreve circunstâncias nas quais novas informações são incompatíveis com o conhecimento ou com as tendências existentes (como ocorreu quando descobrimos que na verdade não existiam armas de destruição em massa no Iraque), ou nas quais não fica claro se devemos reagir tomando uma atitude ou evitando qualquer tipo de atividade. Ao resumir o trabalho de Berlyne, no obituário que escreveu sobre ele em 1978, o psicólogo Vladimir Konečni disse apropriadamente que Berlyne "queria saber por que os organismos demonstram curiosidade e exploram seu ambiente, por que buscam conhecimento e informação, por que admiram pinturas ou ouvem música, o que conduz seu raciocínio".[10]

Acho interessante que até o exercício tolo e subjetivo de entrevistar meus colegas de trabalho tenha identificado pelo menos dois elementos que provocam a curiosidade: a surpresa (que desperta a curiosidade perceptiva) e a evidência confusa (que dá origem ao desejo por conhecimento ou curiosidade epistemológica).

Quais são, então, as principais escolas psicológicas de pensamento sobre as causas e os processos mentais envolvidos na curiosidade? (Discutiremos a neurociência no capítulo 6.)

A lacuna

Como muitas outras tendências da psicologia moderna, algumas das primeiras ideias sobre a curiosidade foram inspiradas pelo trabalho do filósofo e psicólogo William James. Demonstrando grande visão e usando termos cognitivos da atualidade, James propôs, no final do século XIX, que aquilo que chamava de "mistério metafísico" ou "curiosidade científica" era uma resposta do "cérebro filosófico" a uma "inconsistência ou lacuna no [...] conhecimento, do mesmo modo como o cérebro musical reage a uma dissonância naquilo que ouve".[11] Sugeriu, ainda, que a curiosidade representa o desejo de aprendermos mais sobre coisas que não entendemos. Um século depois, o psicólogo George Loewenstein, da Universidade Carnegie Mellon, apresentou uma versão teórica contemporânea desses conceitos — um sistema extremamente influente que ficou conhecido como "teoria da lacuna de informação".[12]

A ideia básica por trás desse cenário para a explicação da curiosidade é simples (quando apontada!). Começa pela suposição razoável de que os indivíduos possuem algumas noções preconcebidas do mundo ao seu redor — aliás, de qualquer tópico — e que buscamos coerência. Quando nos deparamos com fatos que parecem incompatíveis com o nosso conhecimento anterior, real ou imaginado, com o nosso modelo previsor interno ou com os nossos preconceitos, uma "lacuna" é gerada. Experimentamos essa lacuna como um estado de aversão, uma sensação desagradável. Consequentemente, somos levados a investigar e buscar novas informações capazes de reduzir a incerteza e o sentimento de ignorância.[13] De acordo com esse ponto de vista, a curiosidade e o estado exploratório resultante não são objetivos propriamente ditos. Em vez disso, são os meios pelos quais tentamos reduzir a sensação desconfortável causada pela incerteza e pela confusão. Nas palavras do próprio Loewenstein, a curiosidade é "uma privação cognitiva induzida que surge a partir da identificação de uma lacuna no conhecimento e na compreensão". Colocando de uma forma mais simples, de acordo com a teoria da lacuna de informação, a curiosidade é como tentar aliviar uma coceira mental ou intelectual.

Naturalmente, a teoria da lacuna de informação identifica uma *incerteza*[14] — ou uma disparidade percebida entre a condição informacional existente e a desejada — como a principal causa da curiosidade. De fato, não ter certeza em relação aos possíveis resultados diante das encruzilhadas desafiadoras da vida pode ser desconfortável. Tanto no trabalho de Loewenstein como no contexto de ideias semelhantes anteriormente expressas por Berlyne, o conceito da incerteza foi tomado de parâmetros tradicionais da teoria da informação. Em termos simples, a teoria da informação argumenta que, se nenhuma outra variável for alterada, situações com um número maior de alternativas ou resultados possíveis produzem maior incerteza. Por exemplo, se todos os times de futebol feminino não apresentarem diferenças dramáticas de qualidade entre si, será mais difícil prever qual time vencerá a Copa do Mundo no início dos jogos do que quando restarem apenas dois times. Do mesmo modo, a incerteza é maior para resultados em potencial com probabilidades muito parecidas: se dois times possuem uma habilidade e uma motivação semelhantes, é mais difícil prever qual deles vencerá do que se um for claramente superior ao outro. Qualquer um que tenha assistido às finais da NBA de 2016 entre o Cleveland Cavaliers e o Golden State Warriors sabe que essa afirmação é correta.

Um corpo de pesquisas conduzidas nas últimas décadas na psicologia e em anos recentes na neurociência suporta ao menos alguns dos aspectos da teoria da lacuna de informação.[15] Por exemplo, estudos demonstraram que, quando as pessoas se deparam com situações ou objetos incomuns, surpreendentes ou complexos, tais circunstâncias provocam um grande aumento na atenção. Algumas dessas investigações mostraram que o desejo por inspeção e exploração durava apenas até as pessoas perceberem que haviam solucionado a incerteza pela aquisição de novas informações. Loewenstein argumenta ainda que a magnitude da lacuna, conforme calculada por cada indivíduo, depende do seu julgamento subjetivo da profundidade do seu próprio conhecimento e da sua capacidade de obter informações. Isso é o que os cientistas da cognição chamam de *sensação de conhecimento*.[16] Loewenstein supunha que alguém com uma sensação de conhecimento maior poderia considerar certa lacuna de conhecimento transponível, enquanto outros não. Já essa capacidade percebida de superar uma lacuna de conhecimento supostamente aumentava a curiosidade, já que os indivíduos sentiam-se aptos a remover a incerteza e neutralizar o estado desagradável de ansiedade sem muito esforço. Por exemplo, se alguém acredita saber os nomes de quase todos os atores de certo filme, pode dedicar um esforço maior para tentar se lembrar de um último nome do que se não fizesse a mínima ideia de quem faz parte do elenco.

A tese da lacuna de informação de Loewenstein oferece uma perspectiva muito interessante da natureza de pelo menos algumas formas de curiosidade. Particularmente, é fácil ver como a curiosidade *específica* — a ânsia pela aquisição de uma unidade discreta de informação — pode ser despertada por uma lacuna de informação.[17] Em qualquer mistério envolvendo um assassinato — seja um romance de Agatha Christie, Dan Brown ou Robert Galbraith (pseudônimo de J. K. Rowling), ou um filme de Alfred Hitchcock —, ficamos curiosos para saber *quem* cometeu o assassinato, e às vezes também *por que* e *como*.[18] Da mesma maneira, se seu melhor amigo o procura e diz "Tenho algo extremamente importante para lhe dizer. Ah, sabe de uma coisa? Deixa pra lá", isso pode ser exasperador. Nesses casos, é fácil identificar a lacuna de informação que precisa ser preenchida, e a curiosidade surge porque estamos completamente conscientes da diferença precisa entre o que sabemos e o que gostaríamos de saber. Uma lacuna de informação também é o motivo pelo qual ouvir metade de uma conversa — como quando alguém está falando a um celular perto de você — provoca mais curiosidade e distração do que ouvir a conversa inteira. Em um estudo feito por psicólogos de Cornell, os pesquisadores descobriram que ouvir esses "meiálogos" resulta em um desempenho menor em uma variedade de tarefas cognitivas que requerem atenção.[19] Quando não ouvimos a outra metade da história, não podemos prever o fluxo da conversa, e, com isso, achamos praticamente impossível ignorar os "meiálogos". A principal autora do estudo de Cornell, Lauren Emberson, teve a ideia de examinar esse fenômeno quando fazia viagens de 45 minutos de ônibus todos os dias para a universidade.

"Percebi que era incapaz de fazer qualquer coisa quando alguém estava falando no celular", contou. Isso pode explicar, em parte, por que você vê tantas pessoas usando fones de ouvido em trens e ônibus.

Os produtores de séries e novelas de TV, assim como os autores de livros de mistério, entendem o poder que as lacunas de informação têm de gerar curiosidade. Eles tentam fazer do final de cada episódio ou capítulo uma cena que deixa a audiência ou o leitor em estado de suspense.

Você perceberá que, de acordo com o cenário da lacuna de informação, a curiosidade busca satisfazer uma necessidade que, ao menos superficialmente, parece não ser muito diferente de necessidades fisiológicas como a de alimentação, sono e a eliminação de resíduos corporais. Entretanto, vários pesquisadores já apontaram diferenças importantes entre simples impulsos biológicos e a curiosidade. Por exemplo, impulsos biológicos como a fome em geral são provocados por sinais somáticos claros, como roncos no estômago ou dor de barriga. A identificação de uma lacuna de informação, por outro lado, requer um mecanismo baseado no conhecimento.[20] Para reconhecer e avaliar a lacuna, os indivíduos precisam de fato saber algo sobre seu estado inicial de informação e seu objetivo ou estado pretendido. Você não pode se sentir muito curioso em relação à natureza física da energia escura, por exemplo, sem primeiro conhecer algo sobre essa misteriosa forma de energia, que permeia todo o espaço e provoca o aceleramento da expansão cósmica.

Isso nos leva à primeira dificuldade (potencial) inerente do cenário da lacuna de informação, encarando-a como uma teoria abrangente da curiosidade em todos os seus tipos e formas. Em alguns casos, não é fácil ver como os indivíduos podem ser capazes de avaliar adequadamente seus níveis iniciais ou desejados de incerteza, visto que nunca se tem um conhecimento completo do contexto como um todo. É muito comum na pesquisa científica, por exemplo, que os resultados de uma experiência, uma observação ou um conceito teórico deem origem a novos questionamentos imprevistos. Para ilustrar, a teoria da evolução de Darwin, ao abordar a seleção natural, trouxe a questão da *origem* da vida — tópico que Darwin sequer citar — ao centro das discussões. Da mesma forma, a descoberta recente de que existem bilhões de planetas orbitando outras estrelas além do Sol transformou as tentativas de respondermos à pergunta "Estamos sozinhos no universo?" em uma obsessão para muitos astrônomos. A charada, portanto, é: como o cérebro consegue ter consciência de definir apropriadamente as lacunas de informação? Como avaliamos a extensão do nosso conhecimento e determinamos o quanto não sabemos? Esse problema aponta para uma clara distinção latente entre apetites biologicamente determinados, que podem ser sentidos por todos em certas circunstâncias, e a curiosidade, que pode diferir de um indivíduo para outro, ainda que precisamente sob as mesmas condições. Além disso, enquanto a curiosidade específica pode ser satisfeita pela obtenção de determinado bloco de informação, a curiosidade em geral (em particular a curiosidade epistemológica) e a tendência à exploração nunca são realmente saciadas.

Os psicólogos também identificaram alguns problemas adicionais na teoria da lacuna de informação — mais uma vez, se encarada como uma teoria geral da curiosidade. Em primeiro lugar, nessa teoria, a curiosidade é sempre associada a um estado negativo, desagradável, de aversão. Mas muitas experiências sobre o comportamento exploratório indicam que a novidade e a variedade são percebidas como coisas positivas e agradáveis que geram excitação e estimulam a atenção.[21] Em um estudo com alunos do sétimo e do 11º anos,* por exemplo, os alunos identificados como "curiosos" descreveram o seu envolvimento nas atividades escolares como mais satisfatórios e valiosos, em vez de desagradáveis.[22] Mesmo a incerteza, o principal ingrediente por trás do modelo da lacuna de informação, nem sempre tem um efeito negativo — ou ninguém leria sobre mistérios envolvendo assassinatos ou se envolveria em quaisquer atividades espontâneas. Embora seja inegavelmente verdade que a incerteza pode ser desconfortável (por exemplo, quando alguém está esperando os resultados de um exame médico que confirmará ou eliminará a suspeita de uma doença grave), a incerteza sobre a fonte de um efeito positivo poderia levar a um estado de prazer prolongado.

---

* Estudo realizado dentro do sistema de ensino dos Estados Unidos. [N. da T.]

Este último fato foi demonstrado em 2005 com uma experiência interessante conduzida pelos psicólogos Timothy Wilson e Daniel Gilbert, juntamente a seus colaboradores.[23] Cada participante do teste acreditava que fazia parte de um grupo de seis estudantes (três mulheres e três homens) de universidades diferentes, participando de uma experiência sobre as impressões formadas a partir da internet. Disseram-lhes que cada um dos seis avaliaria os estudantes do sexo oposto, escolheria um como seu melhor amigo em potencial e escreveria um parágrafo explicando sua escolha. Cada participante em seguida foi informado de que todos os três do sexo oposto (que, na verdade, eram fictícios) haviam-no(a) escolhido como seu(sua) melhor amigo(a). Os participantes foram divididos em dois grupos. Os do grupo da "incerteza" foram informados a respeito de qual dos três membros do sexo oposto (supostamente) escrevera qual explicação lisonjeira. No grupo da "incerteza", essa informação não foi fornecida. Você pode adivinhar qual grupo ficou feliz por um período maior de tempo? Todos os participantes ficaram satisfeitos por terem recebido o retorno positivo sobre a sua escolha como melhor amigo. Entretanto, os do grupo da incerteza continuavam significativamente mais alegres 15 minutos depois. Em outras palavras, se as pessoas sabem que determinado evento é positivo, gostam de ficar curiosas em relação a ele. Isso se deve, em parte, por exemplo, ao motivo por que o início de um caso amoroso é extremamente agradável, e também por que algumas pessoas que gravam a partida final do torneio de tênis de Wimbledon não querem saber qual foi o resultado antes de terem assistido ao jogo. Só quando as pessoas não sabem se o evento será positivo ou negativo — se serão admitidas na faculdade que escolheram, se um tratamento médico ajudará — é que a incerteza é considerada negativa.

Fascinantemente, o poeta romântico John Keats introduziu a expressão "capacidade negativa" para argumentar que a capacidade de tolerar, e até abraçar a incerteza, e a disposição a deixar o desconhecido permanecer misterioso são qualidades essenciais para o sucesso poético e literário.[24] Para Keats, "com um grande poeta, o senso de Beleza supera todas as outras considerações, ou, melhor, apaga todas as considerações". Seu conceito da capacidade negativa influenciou as ideias de alguns filósofos do século XX, inclusive Roberto Unger, que o aplicou em contextos sociais,[25] e John Dewey, que o incorporou à sua tradição filosófica do pragmatismo.[26] Lembremo-nos de que Feynman, que não era um poeta, mas um cientista, e em geral argumentava que decifrar fenômenos só aumenta a sua beleza, também disse certa vez: "Não me sinto assustado por não saber as coisas, por estar perdido em um universo misterioso sem nenhum propósito."

Um segundo problema relacionado, levantado pela teoria da lacuna de informação, é: dado que as pessoas ocasionalmente ficam proativamente curiosas, poder-se-ia metaforicamente invocar uma versão da primeira lei do movimento de Newton, "Um corpo em repouso permanece em repouso", para nos perguntarmos por que alguém ficaria curioso se isso equivale a solicitar uma sensação desagradável. No entanto, frequentemente a curiosidade em relação a um assunto nos leva à ânsia pela exploração de outros tópicos. Afinal de contas, a característica mais básica da curiosidade é o desejo de se levantar uma questão, assim arriscando-se gerar mais incerteza ainda, o que no contexto do modelo da lacuna de informação é visto como algo perturbador.

Um terceiro problema está relacionado à suposta universalidade da teoria da lacuna da informação. Isto é, mesmo que a premissa básica da teoria esteja certa, ela no mínimo parece ser muito simplista, especialmente em se tratando de tipos diferentes de curiosidade. A impressão é que existe um número muito grande de agentes desencadeadores da curiosidade para podermos inserir todos em uma única variável — a incerteza — sem alguma perda de informações importantes no processo. Por exemplo, seria possível argumentarmos que a curiosidade sobre a natureza precisa das ondas gravitacionais, o motivo de a música evocar fortes emoções, como os mágicos realizam seus truques, no que a sua companhia está pensando durante o almoço, o papel dos sonhos e as últimas fotos postadas por Kim Kardashian no Instagram são todas manifestações de uma simples lacuna de informação?

Como logo veremos, segundo o pensamento atual, embora o cenário da lacuna da informação ofereça um excelente mecanismo para determinados tipos de curiosidade, em sua forma mais geral ela engloba uma família de mecanismos. Antes de discutirmos outras teorias, contudo, há uma característica adicional da curiosidade que requer alguma explicação, não importa qual seja a teoria integrativa (se é que existe alguma).

Desconhecidos conhecidos

No diálogo socrático *Mênon*,[27] de Platão, um jovem e bem-nascido estudante chamado Mênon tenta desafiar o grande Sócrates propondo demonstrar que tentar explorar o desconhecido na realidade é impossível. "E como explorarás, Sócrates", pergunta Mênon, "algo quando não fazes ideia do que é? Quais coisas que não conheces proporás como objeto da tua exploração?" Mênon aponta aqui o famoso problema do "desconhecidos desconhecidos" — as coisas que nem ao menos sabemos que não sabemos.

A expressão "desconhecidos desconhecidos" foi cunhada pelo secretário de Defesa dos Estados Unidos Donald Rumsfeld durante uma coletiva de imprensa realizada em fevereiro de 2002 sobre a possibilidade de uma guerra contra o Iraque.[28] Ao comentar sobre a falta de evidências ligando o Iraque ao fornecimento de armas de destruição em massa a organizações terroristas, Rumsfeld disse aos repórteres: "Relatórios que informam que algo não aconteceu são sempre interessantes para mim, pois, como sabemos, existem os conhecidos conhecidos; há coisas que sabemos que sabemos. E também sabemos que existem desconhecidos conhecidos — ou seja, que sabemos que existem algumas coisas que não sabemos. Mas também existem desconhecidos desconhecidos — aqueles que não sabemos que não sabemos." Apesar do fato de o comentário ser perfeitamente lógico, ele rendeu a Rumsfeld o Foot in Mouth Award[29] de 2003 pelo comentário mais confuso feito por uma pessoa pública.

Retornando à aparente charada de Mênon, Sócrates decidiu responder com uma afirmação ainda mais desconcertante, que se tornou conhecida como "paradoxo de Mênon": "Eu sei, Mênon, o que queres dizer; mas veja que argumento erístico [questionável] estás introduzindo — de que é impossível alguém explorar o que sabe ou não sabe; ele não exploraria o que sabe, posto que já o sabe e não há necessidade de explorá-lo; nem o que não sabe, posto que não sabe o que explorar."

Podemos parafrasear a última parte da resposta de Sócrates, aplicando-a à curiosidade, e argumentar: "A pessoa não ficaria curiosa em relação ao que sabe, já que já sabe; nem em relação ao que não sabe, já que não sabe sobre o que deveria ficar curiosa." Isso significa que ninguém deveria jamais ficar curioso? Absolutamente não. E é por isso que o paradoxo de Mênon na realidade não é um paradoxo.

Até onde sei, os psicólogos atuais não se referem (ao menos rotineiramente) à obra de Platão *Mênon*. Não obstante, alguns usam um argumento um tanto semelhante para propor que, se examinássemos como o nosso nível de curiosidade em um tópico em particular é afetado pelo nosso conhecimento preexistente a respeito de tal tópico, encontraríamos uma função semelhante a um U invertido.[30]

Simplificando, é muito difícil ficar curioso em relação a algo quando se sabe muito pouco sobre ele. Por outro lado, quando se sabe muito sobre determinado tópico, talvez você ache que não há mais nada em relação a que ficar curioso. Porém, a nossa curiosidade é provocada quando já temos alguma informação sobre o assunto, mas achamos que ainda há mais a ser aprendido. Em sua resposta proativa, Sócrates simplesmente omitiu esse âmbito intermediário tão importante de conhecimento, ou o que poderíamos chamar de "desconhecidos conhecidos" — coisas que você conhece ou sente que não conhece.

Uma versão da curva U invertida (Figura 15) data de Wilhelm Wundt, que, no final do século XIX, foi um dos fundadores da psicologia.[31]

Wundt sugeriu que, à medida que a intensidade do estímulo aumenta, a excitação positiva também aumenta, mas somente até um ponto. Com um estímulo mais intenso, a experiência começa a se tornar perturbadora demais, resultando na redução da reação positiva. Assim, a excitação acaba por se tornar negativa.

Nos anos 1970, Berlyne propôs que a curva de Wundt na realidade representa a interação entre duas funções cerebrais: uma encoraja a curiosidade e o comportamento exploratório através de um mecanismo de recompensa, e a outra alerta contra isso com a criação de uma sensação desagradável.³² A ideia de Berlyne pode ser expressa no esquema da figura seguinte:

De acordo com esse modelo, o mecanismo de recompensa positiva (representado pela curva superior da figura) age de forma que, até certo nível, quanto mais surpreendente ou confuso o fenômeno observado, mais curiosos nos tornamos. Em determinado ponto, todavia, a nossa curiosidade atinge a saturação, e não importa o quão mais complexo, novo ou desafiador o fenômeno possa ser, não nos tornamos mais curiosos — a nossa curiosidade é estabilizada (o que corresponde à parte plana da curva superior).

De acordo com a interpretação de Berlyne, o sistema negativo de aversão (representado pela curva inferior da figura) só entra em ação em um nível mais elevado de intensidade imediata, quando o estímulo passa a parecer ameaçador ou evoca o medo. Para qualquer estímulo mais forte, os sentimentos negativos aumentam continuamente (correspondendo à curva negativa mergulhando na parte inferior da figura). Berlyne sugeriu que a curva de Wundt é simplesmente uma consequência da soma feita por cognição pelo cérebro das contribuições positivas e negativas dos dois sistemas. Isto é, enquanto a reação de perturbação não é ativada, a curiosidade aumenta conforme o incentivo se torna mais forte. Assim que o cérebro começa a pesar os efeitos negativos em potencial, a curiosidade começa a diminuir, daí produzindo a forma do U invertido da figura já mostrada. Podemos entender o conceito de Berlyne usando uma metáfora simples. Imagine que você esteja viajando pelo Parque Nacional de Yellowstone e de repente aviste um urso-cinzento ao longe. Isso sem dúvidas provocaria um aumento da curiosidade e da excitação. Em seguida, ao lado do primeiro urso, você avista uma fêmea com sua cria. A nova descoberta gera ainda mais curiosidade. Logo depois, surge um bando inteiro de ursos-cinzentos na mesma área, estimulando um grau ainda maior de curiosidade, especialmente porque os ursos tendem a ser animais solidários. Mas a aparição de mais ursos-cinzentos não evoca apenas mais curiosidade; medo também começa a surgir. Uma quantidade tão grande de ursos-cinzentos no mesmo lugar é alarmante. A preocupação e o medo aumentam à medida que mais ursos-cinzentos aparecem ali perto.

Talvez você tenha percebido que a versão de Berlyne da reação cognitiva corresponde quase precisamente à mistura entre o desejo de exploração e o medo que Leonardo expressou na entrada da caverna que descobriu nas montanhas.

A explicação de Berlyne para a curva em U invertida introduziu um novo elemento à teoria da curiosidade: *um sistema de recompensa positiva*.[33] Curiosamente, apesar de as ideias de Berlyne terem sido apresentadas antes da teoria da lacuna da informação (e, na verdade, terem-na inspirado muito), essa teoria ainda assim associou a curiosidade principalmente à necessidade de se reduzir uma emoção negativa, com um papel relativamente pequeno (e essencialmente insignificante) para a consciência positiva. Embora Loewenstein reconhecesse que o comportamento exploratório também podia ser motivado por um interesse positivo (em vez da sensação de privação), seu modelo da lacuna da informação implicava no fato de que o desejo positivo por conhecimento em si só não constitui a curiosidade propriamente dita. Ainda assim, como veremos no próximo capítulo, outros pesquisadores veem a curiosidade como algo motivado por si só e não apenas um veículo para a redução de uma sensação desagradável.

Apesar dos seus atributos provocadores do pensamento, a explicação de Berlyne para a curva de Wundt também se mostrou um tanto controversa. Em primeiro lugar, a interpretação requer a existência próxima de intensas emoções antagônicas: o prazer e o medo. As opiniões a respeito da possibilidade de tal situação variam, mas a maioria dos psicólogos concorda que a noção de Berlyne de que um efeito positivo deve preceder o negativo é implausível. Para que sua descrição funcione conforme pretendido, Berlyne teria de presumir que o prazer é um passo quase necessário no caminho para um estado desagradável (já que a aversão entra em cena após o sistema de recompensa positiva, a um nível mais elevado de estímulo, como mostrado na figura anterior). Pelo menos no caso da emoção do medo, amplamente estudada por Joseph LeDoux, não há evidências de que o sistema de recompensa seja ativado antes de o medo ser sentido.[34] Além disso, no nível quantitativo, Berlyne não forneceu nenhuma explicação convincente, tanto para as qualidades relativas das emoções positiva e negativa, quanto para o progresso na compreensão da curiosidade. Essa foi a semente para a ideia de que a curiosidade pode ser composta por uma família de mecanismos, que discutiremos em detalhes no capítulo seguinte.

Como já observei, a teoria da lacuna da informação possui seu próprio conjunto de dificuldades quando considerada uma teoria abrangente da curiosidade. Além do problema potencialmente sério de associar a curiosidade unicamente a um estado desagradável, a teoria da lacuna da informação parece, ao menos à primeira vista, não conseguir explicar o padrão comum do U invertido.[35] Se presumirmos que a curiosidade sempre se intensifica proporcionalmente à incerteza, à medida que alcançamos níveis cada vez maiores de incerteza, não haverá um valor de incerteza no qual a curiosidade começará a diminuir, eventualmente levando ao tédio ou mesmo à ansiedade. Em outras palavras, não haverá uma curva em U invertida. Esse aspecto particular, porém, foi facilmente corrigido com uma modificação relativamente simples do conceito inicial: nem todas as observações subjetivamente inconsistentes — nem todas as incertezas, dúvidas ou valores da lacuna da informação — levam à curiosidade. Se a lacuna entre o que é considerado conhecido e o que é observado for muito pequena, a disparidade não parecerá (ao menos em alguns casos) suficiente para sequer nos incomodarmos com ela, quem dirá para suscitar a nossa curiosidade. Se, por outro lado, a lacuna for tão grande — níveis elevados de dúvida ou conflito — a ponto de levar à confusão e à ansiedade em vez de gerar curiosidade, a lacuna pode ser considerada impossível de ser transposta. Adotando-se essa interpretação, somente um nível intermediário de incerteza pode criar e manter a curiosidade. Reformulando, não nos interessamos particularmente por assuntos sobre os quais sabemos quase tudo ou praticamente nada. Tendemos a nos interessar quando sabemos um pouco, mas acreditamos haver mais a ser aprendido (desconhecidos conhecidos). Com esse complemento simples, o modelo da lacuna da informação acomoda uma função em U invertida.

Como descreveremos com detalhes no capítulo 6, a noção (consistente com o modelo da lacuna da informação e o formato do U invertido) de que uma quantidade moderada de informações aumenta a curiosidade, mas essas informações adicionais levam à sua redução foi reforçada por uma experiência neurocientífica interessante.

Apesar do seu sucesso inegável em alguns aspectos da curiosidade, os problemas remanescentes do modelo da lacuna da informação (mesmo quando complementado pela característica do U invertido) motivaram os pesquisadores a recorrerem a ideias diferentes. Na tentativa de encontrar outras explicações para a curiosidade, os cientistas da cognição começaram a explorar a noção de que a curiosidade propriamente dita gera uma sensação de recompensa e é motivada pela busca dos efeitos agradáveis da surpresa e do interesse, e não pelos efeitos negativos da privação e da ausência de conhecimento.

5.

Curioso sobre a curiosidade: o amor intrínseco pelo conhecimento

SE A CURIOSIDADE NÃO É UM MEIO DE REDUZIR A SENSAÇÃO DEsagradável associada à incerteza, ou ao menos não é só isso, o que é então? Uma pesquisa recente na psicologia sugere que a curiosidade pode fornecer a sua própria recompensa.[1] Isto é, a curiosidade pode ser por si só uma fonte poderosa de motivação, motivação intrínseca, sem ser controlada por nenhuma pressão externa ou interna, e sem recompensas aparentes, exceto pela própria atividade. A mente, de acordo com esse ponto de vista, deve ser capaz de produzir recompensas que atribuam valor à coleta de informações e à aquisição de conhecimento.

As raízes dessa perspectiva estão no trabalho feito no início do século XX por psicólogos pioneiros, como J. Clark Murray e John Dewey. O conceito é baseado na observação simples de que a busca por novos estímulos, pessoas interessantes, assim como novas e inesperadas ideias parece ser uma característica que define a condição humana. Você é capaz de imaginar um mundo sem a exploração do nosso universo externo e do nosso eu interior? Do microcosmo e do macrocosmo? Leonardo e Feynman certamente não conseguiriam. Na verdade, no mesmo ano em que Loewenstein publicou seu influente modelo da lacuna da informação, os psicólogos Charles Spielberger e Laura Starr propuseram um cenário que seria o mais adequado para o processo estimulação/dual.[2] Na teoria deles (que, como o sistema de Loewenstein, incorporava algumas das ideias anteriores de Berlyne), a excitação mais propícia é alcançada como resultado de dois processos opostos. Fenômenos novos, complexos ou incongruentes provocam tanto um estado de curiosidade percebido como prazeroso quanto uma ansiedade aversiva. Spielberger e Starr sugeriram que, quando a intensidade do estímulo externo provocador é baixa, a curiosidade domina — juntamente a um desejo de exploração. Em níveis moderados de intensidade estimulante, a fusão entre a curiosidade elevada (agradável) e a ansiedade moderada (desagradável) tende a levar à exploração específica — ou seja, a uma busca por informações distintas. Por fim, para estímulos muito fortes, quando vemos algo completamente inesperado ou extremamente confuso, o nível de ansiedade torna-se tão alto que motiva a evitação total em lugar da exploração.

O modelo de Spielberger e Starr reintroduziu (seguindo Berlyne) a ideia de que a curiosidade pode ser definida como um sentimento positivo de interesse e surpresa. Qualquer um que já tenha visto os olhos de uma criança brilhando quando um mágico amador demonstra seus truques pode ao menos se identificar com esse ponto de vista. Adotando uma posição que, de certa forma, era diretamente oposta à de Loewenstein, Spielberger e Starr identificaram o estado desagradável causado pela incerteza como "ansiedade" em vez de "curiosidade". Loewenstein, como você deve se lembrar, sugere que a curiosidade age unicamente para aliviar o desconforto associado a uma lacuna de informação. Seu modelo indica que a busca por informações motivada unicamente pelo puro interesse não deveria ser chamada de "curiosidade".

Simplificando, enquanto para Loewenstein a curiosidade é como aliviar uma coceira e o amor pelo aprendizado é algo diferente, para Spielberger e Starr a curiosidade é a sede pelo conhecimento, enquanto a ambivalência causa ansiedade, não curiosidade. O que é importante aqui, no entanto, é que ambas as hipóteses podem ser submetidas a testes experimentais.

Como seria de se esperar, o modelo da excitação apropriada de Spielberger e Starr também deixa algumas perguntas sem resposta. O problema é o fato de que a ideia de um estado de excitação "apropriada" sugere que se trata de uma condição desejada. Contudo, se esse estado existe, não está claro por que alguém iria querer ter dúvidas, mistérios e charadas resolvidos se isso reduziria a experiência positiva da curiosidade a um nível de excitação menos do que apropriado.

Precisamente para evitar esses tipos de problemas, e ao mesmo tempo para incorporar várias ideias (em alguns casos conflituosas) em um único modelo abrangente, o psicólogo Jordan Litman, do Institute for Human and Machine Cognition, propôs, em 2005, que a curiosidade possui dois aspectos. Um, que Litman chamou de "I-curiosidade", representa o interesse (daí o "I") e a busca por conhecimento que envolve experiências emocionais agradáveis, enquanto o outro, "P-curiosidade", resulta da sensação de incerteza e privação (daí o "P") associada à ausência de acesso a determinada informação.[3]

Precisamos enfatizar que o modelo de Litman não foi criado para representar uma forma de limitar as probabilidades. Ele aponta, corretamente, que muitos sistemas motivacionais podem envolver, sob circunstâncias diferentes, tanto emoções agradáveis como desagradáveis. Por exemplo, a fome pode ser estimulada por um comercial de Doritos ou por filmes como *A festa de Babette*, *Simplesmente Marta* ou *Julie & Julia* — todos celebrações da cozinha refinada. Ou você pode perceber que está com fome pelos roncos causados por um estômago vazio, ou pelo desejo de se mimar quando você se sente negligenciado. Do mesmo modo, o desejo de praticar o ato sexual pode ser desencadeado pela sensação espontânea agradável de atração pela pessoa amada ou pela privação induzida por uma longa ausência, como o serviço militar em um país estrangeiro.

Para colocar de uma forma diferente, de acordo com a conjectura de Litman, a curiosidade pode ser tanto a redução de um estado de aversão como a indução de um estado agradável intrinsecamente motivado. Qual desses estados será o dominante? Isso dependerá do tipo de estímulo, ou talvez de diferenças individuais. Por exemplo, os batimentos do coração humano, que provocaram uma torrente de curiosidade epistemológica (o desejo de explorar) em Leonardo e o levaram a preencher inúmeras páginas com anotações, nem sequer passaram pela cabeça de muitos de seus contemporâneos. Da mesma forma, não se lembrar dos nomes dos colegas que se sentavam ao seu lado no colegial pode enlouquecer certas pessoas, enquanto outras se mostram completamente indiferentes a isso. Ou ver um animal desconhecido em um zoológico pode evocar a curiosidade perceptiva em alguns visitantes (que procurarão a placa identificando o animal) e a curiosidade epistemológica em outros (que ao chegarem em casa lerão tudo que puderem encontrar sobre ele).

Essa ideia geral de que a curiosidade engloba uma família de mecanismos em vez de representar um único processo foi examinada por uma equipe de pesquisadores liderados por Jacqueline Gottlieb, da Universidade Columbia, Celeste Kidd, da Universidade de Rochester, e Pierre-Yves Oudeyer, do Institut National de Recherche en Informatique et en Automatique.[4] Eles sugerem que o peso que associamos a diferentes componentes e formas da curiosidade depende tanto do evento ou tópico estimulante como dos próprios indivíduos (em termos da sua base de conhecimento, das suas propensões e características cognitivas). Como veremos no capítulo 6, resultados recentes da neurociência suportam um cenário no qual diferentes tipos de curiosidade envolvem regiões distintas do cérebro.

Como observei, as diferenças individuais na curiosidade podem ser imensas. Enquanto Leonardo e Feynman, por exemplo, tinham curiosidade em relação a quase tudo, alguns têm pouquíssimos interesses fora do seu ramo profissional. Essas diferenças têm sido tradicionalmente estudadas no contexto de um traço geral chamado de "abertura à experiência",[5] considerada um dos "Cinco Grandes Fatores"[6] da personalidade humana. Na psicologia, esses Cinco Grandes atributos da personalidade são a abertura à experiência, à realização, à extroversão, à socialização e ao neuroticismo (que formam a sigla OCEAN).* Dessas cinco características, presume-se que a abertura à experiência englobe a curiosidade

---

* Dos termos em inglês, respectivamente, *openness to experience, conscientiousness, extroversion, agreeableness e neuroticism*. [N. da T.]

intelectual e a preferência pela novidade e pela exploração, apesar de a definição precisa de *abertura* ser um tanto controversa. Falando de forma geral, pessoas com uma grande abertura não apenas são mais curiosas, mas também têm mais apreço pelas coisas complexas como formas de arte. Elas têm uma capacidade maior de pensar em termos abstratos.

Mesmo aceitando a ideia muito razoável de que a curiosidade (em todas as suas manifestações diferentes) envolve tanto a privação induzida pela incerteza quanto a antecipação da recompensa estimulada pela luta intrínseca pelo conhecimento, muitas coisas permanecem sem explicação. Como exatamente o cérebro atribui valores ao conhecimento e à sua aquisição? Qual é a estratégia mental (se é que existe alguma) por trás da busca de informações e da exploração? Sabemos, por exemplo, que o ruído branco na tela da TV quando não há transmissão contém muitas informações. Não obstante, não conheço ninguém que se sinta atraído por aqueles pontos intermitentes de luz e o chiado que os acompanha. Que processo a mente humana segue ao filtrar todas as informações que nos bombardeiam e decidir por quais sua curiosidade é despertada?

Os cientistas da cognição estão tentando entender se o comportamento induzido pela curiosidade tem algum plano estratégico ou objetivos definitivos.

Explorando todas as opções

Tanto a experiência do dia a dia quanto inúmeros estudos demonstram que os indivíduos adotam o comportamento exploratório — parte do que costumamos ver como curiosidade — mesmo na ausência de qualquer retorno financeiro ou outras recompensas externas óbvias.[7] Segundo o senso comum, as atividades em que as pessoas tendem a se concentrar seguem um padrão: elas evitam desafios que sejam ou fáceis demais — e, portanto, considerados tediosos — ou difíceis demais — e, assim, pareçam intimidantes e frustrantes. Como, portanto, as pessoas canalizam a curiosidade e organizam a sua exploração se são livres para escolher entre um grande número de caminhos e opções? Como sabemos, muitas atividades podem levar a becos sem saída cognitivos ou situações incompreensíveis. Por exemplo, um menino pequeno não deve escolher *Ulisses*, de James Joyce, como a sua primeira leitura, enquanto uma jovem curiosa em relação às funções cerebrais não deve empreender uma cirurgia no cérebro de alguém.

A neurocientista Jacqueline Gottlieb e seus colaboradores realizaram algumas experiências fascinantes para examinar se nossos cérebros usam algum tipo de estratégia universal para guiar a curiosidade na exploração ilimitada intrinsecamente motivada.[8] Os pesquisadores pediram a 52 participantes (29 mulheres e 23 homens) que escolhessem quais jogos rápidos de computador desejavam jogar. Eles podiam escolher jogos divididos entre dois grupos, e a dificuldade dos jogos variava nos dois.

Os resultados foram bastante surpreendentes. Gottlieb e seus colegas viram que, apesar do fato de não haver nenhum tipo de orientação externa e nenhuma recompensa tangível, os participantes organizaram espontaneamente a sua exploração em um padrão consistente. Em primeiro lugar, eles se mostraram sensíveis à dificuldade das tarefas, diligentemente começando pelos jogos mais fáceis e avançando de forma gradativa para os mais difíceis. Em segundo lugar, demonstraram um interesse pela exploração de todas as opções disponíveis: eles experimentaram todo o conjunto dos jogos, inclusive aqueles difíceis a ponto de serem essencialmente impossíveis de dominar. Em terceiro, os participantes apresentaram a tendência de repetir os jogos de dificuldade moderada a elevada. Por fim, eles exibiram um gosto pela novidade que introduziram na experiência pela seleção de novos jogos, mas também preferiram os jogos com um nível de dificuldade com o qual já haviam se familiarizado.

Essas descobertas têm implicações interessantes para a natureza da curiosidade epistemológica (o desejo por conhecimento). Primeiramente, o fato de que os participantes exploraram até as tarefas mais exigentes e experimentaram novas sequências sugere que as pessoas procuram se familiarizar com todo o espectro acessível de alternativas. Elas tentam ampliar e mentalmente codificar seu conhecimento a fim de aumentarem sua capacidade de fazer previsões confiáveis sobre novas oportunidades. Essa característica foi denominada "motivação intrínseca baseada no conhecimento"[9] e tem a função importante de ajudar a reduzir erros de previsão. Um aluno do colegial que revisa informações sobre diversas universidades antes de decidir em qual quer estudar é motivado pela motivação intrínseca baseada no conhecimento. Ao mesmo tempo, as duas outras descobertas — de que os participantes repetiam jogos desafiadores e escolhiam sequências novas apenas para aqueles em que haviam se saído bem — sugerem um desejo inerente de alcançar um nível de excelência pela prática. Isso se chama "motivação intrínseca baseada na competência".

Os resultados de Gottlieb nos oferecem alguns vislumbres importantes sobre como a curiosidade epistemológica opera sob circunstâncias ilimitadas. Talvez a descoberta mais surpreendente seja a de que, mesmo sem dicas, indicações ou guias, as pessoas tendem a seguir um caminho semelhante. No que diz respeito ao seu plano estratégico, a curiosidade epistemológica parece ter dois objetivos: atuar como força motivadora para entendermos os limites das opções em potencial, e, mais importante, maximizar o conhecimento e a competência.

Como Gottlieb é uma das surpreendentemente pouquíssimas pesquisadoras cujo principal foco de pesquisa é a curiosidade, eu naturalmente fiquei curioso para saber o que a atraiu nesse tópico: "Comecei tentando entender os mecanismos da atenção", ela me disse, "e então fui levada à curiosidade por duas direções diferentes. Primeiro, a partir das considerações comportamentais, fiquei interessada no papel da atenção na direção do nosso comportamento".

"O que, exatamente, você quer dizer?", indaguei.

"Na maioria dos estudos que acompanham os movimentos oculares como indicadores da atenção, por exemplo, pede-se aos participantes que prestem atenção a algo, como um quadrado vermelho em uma tela, e em seguida os pesquisadores examinam de que modo essa atenção dirigida modifica coisas como o tempo da reação. Entretanto, eles não costumam estudar como as decisões em si são tomadas, ou seja, o que torna algo digno de atenção." Após uma pequena pausa, ela continuou: "Então, decidi que precisamos investigar a lógica que orienta esse tipo de seleção. Por exemplo, nós frequentemente fazemos escolhas relacionadas a uma recompensa esperada. Isso é conhecido como comportamento orientado por objetivos. Mas existem ainda muitas coisas em que demonstramos interesse e que não prometem nenhuma recompensa óbvia. É aí que a curiosidade entra." A seguir, ela acrescentou: "Eu queria saber que processo está envolvido na curiosidade, o que nos leva a *aprender* até quando não sabemos quais serão as consequências precisas do aprendizado."

"E qual foi a segunda coisa que provocou a sua curiosidade?"

Gottlieb riu. "Você não esqueceu que havia uma segunda parte. Ela veio da neurociência. Eu queria saber quais áreas do córtex cerebral [a camada externa do tecido neural do cérebro que tem um papel central para a consciência] selecionam os estímulos aos quais reagiremos. Existem muitos modelos de respostas do cérebro, e, mais uma vez, eles geralmente explicam situações em que os sujeitos têm um objetivo ou recompensa em mente. Assim como no caso comportamental, eu estava mais interessada nas opções 'independentes de objetivos'. Assim, tive uma convergência para a curiosidade tanto a partir do aspecto comportamental quanto da neurociência."

Eu ainda estava curioso em relação ao caminho que levou a própria Gottlieb à pesquisa científica, então perguntei: "Você acha que alguma coisa na sua história de vida influenciou na sua decisão de se tornar cientista?"

"No final das contas, acho que essa é a ocupação que está mais de acordo com as minhas capacidades. No colegial, eu queria ser pianista, mas me dei conta de que os meus talentos como pianista se encaixavam em algum ponto no meio da distribuição, e que seria muito difícil fazer algo em que eu me sobressaísse. Depois, enquanto estudava no MIT, descobri que tenho uma capacidade natural de executar tarefas analíticas. Amo a criatividade e a liberdade que temos com a ciência. Tenho um nível muito baixo de tolerância para o tédio, e a ciência é a única disciplina em que sempre há novos desafios." Após um breve silêncio, ela acrescentou: "A minha maior alegria é quando aprendo algo novo."

Isso é precisamente o que define uma pessoa intelectualmente curiosa.

As experiências de Gottlieb foram realizadas com adultos. Havia uma piada nos campos da pesquisa que dizia que todos os participantes de experimentos psicológicos são sempre calouros ou estudantes universitários do segundo ano, e, portanto, todos os resultados e descobertas na psicologia aplicam-se apenas a essa faixa etária. Nos anos mais recentes, porém, tem sido dada uma atenção muito maior às "máquinas de curiosidade" minúsculas — crianças e até bebês — na busca para se entender se a curiosidade manifestada por eles é parecida com a que observamos nos adultos. A curiosidade perceptiva, a epistemológica, assim como a geral e a específica permanecem estáveis durante a vida ou mudam com a idade? Embora ainda não haja estudos longitudinais suficientes comparando diretamente crianças e adultos, as pesquisas das duas últimas décadas estão apontando para um quadro mais coerente da curiosidade nas crianças. A seguir, encontraremos alguns exemplos do que considero experiências dignas de atenção nessa área fascinante.

Das bocas dos bebês

Se você já observou um bebê de dez meses brincando com um chocalho, sabe que ele balança o brinquedo de um lado para outro, coloca na boca, bate no chão e tenta separar suas partes coloridas. Talvez isso dure alguns minutos, até ele ver um livro para bebê por perto. Voltando sua atenção para o livro, ele vai colocá-lo na boca e em seguida tentará desajeitadamente virar as páginas grossas uma de cada vez. O que desperta a curiosidade infantil?

Laura Schulz é uma cientista da cognição do Early Childhood Cognition Lab, no MIT. Ela e seus colaboradores passaram a última década tentando "entender como as crianças aprendem tanto desde tão pequenas e tão rapidamente".[10] De fato, em poucos meses, as crianças, já com um grande número de capacidades motoras, reconhecem seus pais e começam a interagir e a se comunicar de uma variedade de maneiras. Os mecanismos da atenção dos bebês devem, de algum modo, selecionar a partir de seus ambientes imediatos e tão complexos os elementos que tornam seu processo de aprendizagem ao mesmo tempo eficiente e administrável. Schulz e outros cientistas da cognição estão tentando entender como as crianças conseguem "extrair inferências ricas de dados esparsos e cheios de ruídos".

Existem evidências consideráveis, muitas das quais provenientes de experiências pioneiras da psicóloga de Harvard Elizabeth Spelke, de que os bebês começam suas vidas com algumas heurísticas simples, ou formas de resolver problemas sozinhos, que servem de guias para as suas explorações iniciais.[11] Spelke estuda bebês porque "as mentes adultas já estão cheias demais de fatos", conforme ela me contou durante uma conversa por telefone. "É melhor determinar o que sabemos no nascimento." A fim de penetrar nas mentes dos bebês, ela reconheceu que o tempo que eles passam olhando para as coisas é um excelente indicador do que desperta a sua curiosidade. Por exemplo, o movimento atrai o seu olhar, assim como áreas caracterizadas por contrastes elevados e rostos humanos. Todas essas coisas são ricas em informações. A detecção do movimento é uma necessidade evolutiva óbvia para a sobrevivência, e os contrastes ajudam na distinção de objetos discretos e no reconhecimento das suas formas. Além disso, os bebês sabem que, se pegarem a perna de uma boneca, o resto dela virá junto — todas as partes de um objeto distinto movem-se juntas. Eles também sabem que objetos sólidos não podem passar através de outros objetos sólidos, e têm um senso inato de número[12] e da geometria do espaço ao seu redor.[13] A atração por rostos humanos faz parte do desenvolvimento das habilidades sociais, dos relacionamentos pessoais afetivos, e, eventualmente, da capacidade de se expressar pela linguagem. Spelke e as colegas Katherine Kinzler e Kristin Shutts também descobriram que os bebês demonstram uma preferência social clara por pessoas que falam no idioma e com o sotaque com os quais já estão familiarizados.¹⁴ Isso foi verificado tanto entre crianças norte-americanas quanto sul-africanas, apesar de as últimas viverem em um ambiente muito mais variado em termos linguísticos.

Testes de condicionamento em que os bebês precisam prever e reagir a eventos repetidos mostram que eles também buscam informações que possam ajudá-los a gerar estratégias de previsão. Mas podemos chamar esses primeiros sinais de inclinação da atenção de "curiosidade"? Isso depende da definição precisa do termo. Seguindo a definição muito ampla que adotei mais cedo para iniciar a discussão ("um estado de apetite por informações"), essas heurísticas infantis certamente se qualificam como expressões de curiosidade. Poderíamos dizer o mesmo das reações a jogos como o pique-esconde. Você poderia argumentar corretamente, no entanto, que essa definição engloba tudo o que acontece desde o momento em que abrimos os nossos olhos pela primeira vez, e não apenas no estado de curiosidade genuína. Se, portanto, para que algo seja chamado de curiosidade, insistimos que seja representado por uma compreensão clara do estado inicial e do estado desejado de informação, esses primeiros comportamentos de atenção de níveis primários não podem ser considerados como tal. Talvez sejam seus precursores. Seja como for, se estamos interessados nesse interesse pelas coisas para além das heurísticas inatas básicas, como as crianças escolhem os objetos aos quais dirigirão sua curiosidade durante o período em que sua percepção do mundo está se desenvolvendo?¹⁵

Em experiências conduzidas na Universidade de Rochester com bebês de sete e oito meses de idade, Celeste Kidd e seus colaboradores mediram a atenção visual dos bebês a sequências de eventos de diferentes níveis de complexidade exibidas em uma tela.¹⁶ Os pesquisadores descobriram que a probabilidade de os bebês retirarem os olhares da tela, indicando perda de interesse, era mais alta para sequências cujas complexidades eram ou muito baixas ou muito elevadas. Em outras palavras, os pesquisadores identificaram um "efeito Cachinhos Dourados": os bebês dirigiam suas curiosidades às sequências que não eram nem simples nem complexas demais (uma preferência do tipo da forma em U invertida). Lembremos que o mesmo efeito foi identificado nas experiências de Gottlieb com alunos jogando jogos de computador.

Os resultados de Kidd parecem sugerir que o cérebro de um bebê adota uma estratégia diferente que lhe permite não desperdiçar recursos cognitivos, tanto com fenômenos irredutivelmente complexos quanto com fenômenos previsíveis. Essa interpretação indica que até mesmo em bebês a curiosidade depende do estado inicial de conhecimento e das expectativas do indivíduo, atuando para elevar ao máximo o potencial de aprendizado e codificação.

Um grupo diferente de experiências realizadas no MIT revela outro aspecto interessante da curiosidade nas crianças. Elas mostram que, como os adultos, as crianças organizam o seu lazer e as suas explorações com o objetivo de reduzir a incerteza e desvendar as verdadeiras causas dos fenômenos. Isso foi demonstrado em uma simples experiência do tipo caixa surpresa, desenvolvida pelas cientistas da cognição Laura Schulz e Elizabeth Bonawitz.[17] Os pesquisadores apresentaram a alunos da pré-escola uma caixa vermelha com dois mecanismos. Quando um pesquisador e uma criança, cada um, apertavam simultaneamente um dos mecanismos, dois pequenos fantoches pulavam no centro do topo da caixa. Não havia como dizer qual mecanismo acionava qual fantoche, ou sequer se na realidade apenas um dos mecanismos acionava os dois. Assim, a evidência era *confusa*. Os pesquisadores repetiram a experiência com um segundo grupo de crianças, só que dessa vez as condições eram deliberadamente claras — ou a criança e o pesquisador revezavam apertando os mecanismos, ou o pesquisador demonstrava à criança como cada mecanismo atuava separadamente. Nesse caso, portanto, a criança podia dizer precisamente qual mecanismo operava com o fantoche. Depois da demonstração aos dois grupos, os pesquisadores introduziram uma nova caixa amarela e deixaram as crianças sozinhas para brincar. Os resultados foram fascinantes. As crianças do grupo da "evidência confusa" tendiam a continuar explorando a caixa vermelha até entender a sua operação. As crianças do grupo "não confuso" demonstraram a preferência esperada pela novidade e imediatamente dirigiram sua atenção à nova caixa amarela.

O que esses resultados e o de outras experiências parecem ao menos sugerir é que a curiosidade nas crianças está grande parte das vezes relacionada à maximização do aprendizado[18] e à descoberta das relações causais que governam o ambiente da criança.[19] Reformulando, crianças buscam uma forma de explicar tudo em um relato passo a passo. Se essa inferência estiver correta, contudo, também se torna uma previsão muito clara e interessante: a curiosidade das crianças deve ser especialmente provocada e concentrada na exploração das situações em que suas expectativas são contrariadas. Essa previsão pode ser testada examinando-se como exploração e aprendizado são afetados quando evidências observadas contradizem crenças anteriores.

Bonawitz, Schulz e seus colegas tentaram fazer precisamente isso com uma série de estudos extensos. Em um experimento cuidadosamente planejado, os pesquisadores pediram às crianças que examinassem nove blocos *assimétricos* de isopor que podiam ser estabilizados em uma barra de equilíbrio.[20] Em uma tarefa inicial de "classificação de crença", os pesquisadores observaram atentamente se as crianças estavam tentando equilibrar os blocos no seu centro *geométrico*, no meio do bloco, ou no *centro de massa* percebido, mais próximo da ponta mais pesada (Figura 13 do encarte). Os responsáveis pelo experimento pegavam o bloco pouco antes de as crianças poderem estabilizá-lo sobre a barra, de modo que elas não tinham a chance de ver se o bloco havia ficado equilibrado ou não. Desse modo, os pesquisadores criaram um grupo de crianças (de idade média de 6 anos e dez meses) com um conceito preestabelecido em relação ao centro geométrico como ponto de equilíbrio e outro grupo de crianças mais novas (de idade média de 5 anos e dois meses) sem nenhuma "teoria" anterior a respeito do ponto de equilíbrio, e que, portanto, tendiam a tentar equilibrar os blocos simplesmente por tentativa e erro.

Na segunda etapa, mostraram a todos os grupos blocos que pareciam em equilíbrio perfeito sobre a barra. Foi aí, porém, que as coisas começaram a ficar interessantes. Crianças com teorias de um "centro geométrico" e um "centro de massa" e que tiveram acesso a configurações de equilíbrio idênticas exploraram os blocos de modos diferentes, de acordo com suas crenças anteriores. Quando mostravam às crianças um bloco equilibrado no centro de massa (consistente com os "teóricos" do centro de massa, mas violando as crenças dos "teóricos" do centro geométrico), as que tinham a sua crença desafiada passavam mais tempo explorando o bloco, enquanto as outras preferiam examinar um novo brinquedo. O comportamento dos dois grupos que tinham teorias prévias era o contrário quando o bloco estava equilibrado no seu centro geométrico. As crianças que não tinham nenhuma teoria prévia sempre preferiam o novo item, não importava quais fossem as evidências exibidas.

Em experiências relacionadas, os pesquisadores mostravam às crianças que os blocos precisamente equilibrados na verdade eram mantidos no lugar por um ímã. As reações dos grupos diferentes mais uma vez foram interessantes. Tanto o grupo do centro geométrico quanto o do centro de massa usaram o novo elemento — o ímã — numa tentativa de explicar as evidências, mas apenas nos casos em que suas crenças prévias eram contrariadas pelas novas observações. Ou seja, os teóricos do centro geométrico que viam o bloco equilibrado no seu centro de massa concluíam que isso se devia unicamente ao fato de o bloco ser mantido no lugar pelo ímã. O mesmo aconteceu com aqueles que acreditavam no centro de massa ao se depararem com um bloco equilibrado no centro geométrico. Além disso, em experiências nas quais a presença do ímã não foi revelada, as crianças usavam as novas evidências do bloco equilibrado de forma a desafiar suas crenças como uma força motivadora para repensar e revisar suas previsões. Elas não se sentiam compelidas a mudar de crença quando havia uma explicação auxiliar (neste caso, a presença do ímã).

De modo geral, no quadro resultante de todos os estudos com crianças, os componentes da curiosidade orientados à novidade ou ao desconhecido e ao envolvimento com estímulos puramente agradáveis (em outras palavras, a curiosidade geral e a curiosidade perceptiva) às vezes ficam em segundo lugar em relação ao desejo de maximizar o aprendizado, de entender causa e efeito, de descobrir a estrutura do mundo e de reduzir o erro da previsão (isto é, a curiosidade epistemológica).

Estudos mostram que, antes de atingirem os nove meses de idade — embora consigam manejar e montar objetos satisfatoriamente, possam distinguir entre o familiar e o estranho e sejam muito alertas a visões e sons —, os bebês raramente demonstram interesse nos desejos ou intenções de outras pessoas. Todavia, após um período muito curto de tempo, os bebês desenvolvem um novo tipo de relacionamento mental com o mundo externo. Ele se torna um dos seus principais interesses.

Experiências com 1.356 homens e 1.080 mulheres entre 17 e 92 anos[21] mostraram que a busca por novidades (e, mais geralmente, talvez, alguns aspectos da curiosidade geral e da curiosidade perceptiva) tende a entrar em declínio com a idade, enquanto a curiosidade específica e epistemológica parece permanecer estável ao longo da vida adulta, e mesmo na terceira idade. Colocando de forma diferente, ser "infovoro" e *querer* aprender é uma característica constante do ser humano, mas a disposição de correr riscos pela novidade, pela excitação ou pela aventura, assim como a capacidade de se surpreender, são coisas que diminuem à medida que envelhecemos.

Os cientistas da cognição e os psicólogos tentam decifrar as complexidades da operação da mente humana quando ficamos curiosos. Porém, o nosso entendimento da curiosidade não pode ser completo sem uma compreensão complementar dos processos fisiológicos associados no interior do cérebro humano.

6.

Curioso sobre a curiosidade: neurociência

DESDE O INÍCIO DOS ANOS 1990, OS NEUROCIENTISTAS TÊM ACREScentado ao seu arsenal de pesquisa uma poderosa nova ferramenta, que literalmente lhes permite *ver* a curiosidade em ação no interior do cérebro. A ressonância magnética funcional é um procedimento que permite que os pesquisadores examinem quais regiões do cérebro são ativadas durante certos processos mentais em particular.[1] A técnica baseia-se no fato de que, quando determinada área do cérebro é usada intensamente, a energia demandada pela atividade neural resulta no aumento do fluxo sanguíneo para a região. O cérebro em funcionamento pode, assim, ser mapeado com detalhes através de fotos tiradas das mudanças no fluxo sanguíneo.[2] Para isso, usa-se o contraste dependente do nível de oxigenação no sangue (BOLD)* — o fato de que o sangue oxigenado possui propriedades magnéticas diferentes das do sangue desoxigenado, e essa diferença relativa pode ser capturada em imagens. Quando combinada a pesquisas cognitivas complementares, a ressonância magnética oferece uma nova dimensão aos estudos da curiosidade. Algumas experiências neurocientíficas foram particularmente inovadoras e influentes no avanço do nosso entendimento dos detalhes neurofisiológicos da curiosidade.

---

* Do termo em inglês *blood-oxygen-level-dependent*. [N. da T.]

Quiz no cérebro

Em uma investigação seminal conduzida em 2009, os pesquisadores do Caltech Min Jeong Kang, Colin Camerer e seus colegas usaram ressonâncias magnéticas com o objetivo de identificar os caminhos neurais da curiosidade.[3] Os cientistas realizaram um teste em que submeteram os cérebros de dezenove pessoas à ressonância magnética enquanto lhes apresentavam quarenta perguntas sobre conhecimentos gerais. As perguntas, que englobavam diversos tópicos, eram selecionadas especialmente de modo a criar uma mistura diversa de níveis elevados e baixos de curiosidade específico-epistemológica, ou seja, o interesse pelo conhecimento específico. Uma das perguntas era: "Que instrumento foi inventado para soar como o canto humano?" Outra: "Qual é o nome da galáxia da qual a Terra faz parte?" Pediram aos participantes que lessem a pergunta do início ao fim, tentassem adivinhar a resposta (se não soubessem), classificar seu nível de curiosidade para encontrar a resposta certa e indicar o quão confiantes estavam em relação ao palpite. Na segunda etapa, cada participante via mais uma vez a pergunta apresentada, agora seguida da resposta correta. (Caso você esteja curioso, a resposta para a primeira pergunta é violino; a resposta da segunda é Via Láctea.) A curiosidade relatada foi uma função em forma de U inversa da incerteza.

As imagens obtidas pela ressonância magnética demonstraram que, quando os níveis de curiosidade declarados eram altos, as regiões do cérebro significativamente ativadas incluíam o núcleo caudado esquerdo e o córtex pré-frontal (PFC)* lateral — áreas sabidamente energizadas em antecipação a estímulos compensadores[4] (Figura 14 do encarte). Essa antecipação é o tipo de sensação que você experimenta antes de a cortina de uma peça que quis ver por muito tempo subir. Já fora observado que o núcleo caudado esquerdo era ativado durante atos de doação para a caridade e em reação à punição por comportamentos injustos, ambos

---

* Do termo em inglês *prefrontal cortex*. [N. da T.]

os quais considerados compensadores. As descobertas de Kang e seus colegas, portanto, foram consistentes com a ideia de que a curiosidade epistemológica — ou seja, o apetite por conhecimento — desperta a antecipação de um estado de recompensa, o que indica que a aquisição de conhecimento e informações tem valor para nossas mentes. O que surpreendeu um pouco, no entanto, foi que a estrutura do cérebro conhecida como núcleo accumbens, que se acredita ter um papel central nos circuitos de recompensa e prazer (e é uma das regiões ativadas com mais frequência na antecipação da recompensa) não foi ativada durante as experiências de Kang e seus colegas. Os pesquisadores também observaram que, quando a resposta correta era revelada para os participantes, as regiões do cérebro significativamente energizadas eram aquelas que costumam ser associadas à aprendizagem, à memória, à compreensão da linguagem e à produção (como o giro frontal inferior). Notavelmente, foram observadas ativações mais fortes quando os participantes viam as respostas para as perguntas a que haviam respondido incorretamente do que quando seus palpites estavam corretos. Os participantes também exibiram uma memória maior para as respostas corretas do que quando haviam se enganado. Um estudo comportamental subsequente mostrou que uma curiosidade mais elevada na primeira sessão estava relacionada a uma maior lembrança de respostas surpreendentes mesmo dez dias depois. Talvez esse resultado já fosse de se esperar, já que a informação é considerada mais valiosa e o potencial de aprendizado é maior quando um erro é corrigido (em se tratando de tópicos sobre os quais você tem curiosidade). Por outro lado, o fato de a apresentação da resposta correta não ter ativado significativamente as regiões do cérebro tradicionalmente conhecidas como aquelas que reagem ao recebimento de recompensas deixou os pesquisadores confusos.

Devemos nos lembrar do fato de que existe uma incerteza que está presente quase inevitavelmente em todos os estudos de neuroimagiologia. Embora a ressonância magnética possibilite o mapeamento das regiões do cérebro que são ativadas quando ao menos alguma forma de curiosidade epistemológica é induzida (e, como acabamos de discutir, observou-se que essas regiões são exatamente as associadas à antecipação da recompensa), essas mesmas regiões (tais como o núcleo caudado esquerdo e o PFC) também são ativadas em uma série de outras funções cerebrais. Por consequência, a conexão inferida entre a curiosidade e a antecipação da recompensa teria sido bastante tênue não fosse pelas evidências consoantes provenientes da psicologia da cognição.

Para reforçar ainda mais essas descobertas, Kang e seus colaboradores fizeram um teste adicional, projetado para permitir uma distinção entre a verdadeira antecipação da recompensa e a simples função da atenção aumentada (que em experimentos anteriores também levara à ativação do núcleo caudado esquerdo). O novo experimento teve dois componentes. Em um deles, os pesquisadores permitiram que os participantes a qualquer dado momento gastassem uma de 25 fichas para descobrir a resposta certa para uma entre cinquenta perguntas (dez perguntas foram adicionadas às quarenta originais). Como o número de fichas era igual a apenas metade do número de perguntas, a implicação era que, ao gastarem uma ficha em dada pergunta, os participantes optavam por abrir mão de outra. Em uma segunda condição do experimento, os participantes podiam decidir esperar entre 5 e 25 segundos para a resposta aparecer, ou desistir de esperar e pular para a próxima pergunta. Ambas as ações (gastar uma ficha ou esperar por uma resposta) tinham certo custo, fosse de recursos, fosse de tempo. Os resultados demonstraram que o investimento de fichas ou de tempo tinha uma forte relação com a curiosidade expressa. Esse resultado reforçou consideravelmente a interpretação da curiosidade como uma antecipação da recompensa, já que as pessoas em geral estão mais inclinadas a investir (tempo ou dinheiro) em itens ou ações que esperam ser gratificantes.

De modo geral, apesar das incertezas restantes, esse trabalho pioneiro de Kang e seus colegas sugeriu que a curiosidade específico-epistemológica está ligada à antecipação da informação vista como recompensa. As descobertas adicionais — que demonstraram um aumento da memória em resposta a estar-se inicialmente curioso, mas errado — indicaram que a curiosidade aumenta o potencial do aprendizado.[5] Como discutiremos mais detalhadamente, essa descoberta pode fornecer dicas importantes para a melhora de métodos e para a comunicação mais eficiente da informação.

Por mais inovador que tenha sido o trabalho de Kang e seus colaboradores, no entanto, muitas questões permaneceram sem resposta. Em particular, esse estudo explorou apenas um tipo de curiosidade — a específico-epistemológica, geralmente provocada por elementos baseados no conhecimento, como perguntas de conhecimentos gerais. O cérebro responde de forma semelhante aos estímulos da novidade, da surpresa, ou ao simples desejo de se evitar o tédio? A resposta depende da forma do estímulo? Por exemplo, os processos no cérebro são os mesmos quando ficamos curiosos devido ao exame de uma imagem, e não pela leitura de um texto? Um estudo publicado em 2012 tentou abordar algumas dessas questões intrigantes.

Imagens borradas

Usar a ressonância magnética para observar os cérebros das pessoas no momento em que ficam curiosas certamente é uma experiência excitante. Mas como, exatamente, pedimos a alguém para ficar curioso? Até mesmo pedir que os participantes classifiquem a sua curiosidade (digamos, dentro de uma escala de 1-5) sem dúvidas introduz certo grau de ambiguidade subjetiva. A cientista da cognição Marieke Jepma,[6] da Universidade de Leiden, na Holanda, e sua equipe usaram um método diferente do de Kang para provocar a curiosidade dos participantes do seu teste. Especificamente, Jepma decidiu concentrar a atenção na curiosidade *perceptiva* — o mecanismo despertado por objetos ou fenômenos novos, surpreendentes ou ambíguos. A ideia era atiçar as brasas da curiosidade com estímulos confusos, do tipo que estão abertos a diversas interpretações. Assim, os pesquisadores analisaram (usando a ressonância magnética) os cérebros de dezenove participantes aos quais mostraram imagens borradas de vários objetos comuns, como um ônibus ou um acordeom, difíceis de identificar por estarem turvos. Para manipular o acionamento e o alívio da curiosidade perceptiva, Jepma e seus colegas astutamente usaram quatro combinações diferentes de imagens borradas e claras (a Figura 15 do encarte ilustra o conjunto das combinações): uma imagem borrada seguida da imagem clara correspondente; uma imagem borrada seguida de uma imagem clara sem nenhuma relação com ela; uma imagem clara seguida da imagem borrada correspondente; e uma imagem clara seguida de outra imagem clara idêntica. Os participantes, assim, nunca sabiam o que esperar, ou se sua curiosidade a respeito da identidade do objeto seria saciada.

Como o estudo de Jepma foi uma das primeiras experiências em que se tentou demonstrar as relações neurais da curiosidade perceptiva, os resultados não poderiam deixar de gerar um grande interesse, e não desapontaram. Em primeiro lugar, Jepma e seus colaboradores descobriram que a curiosidade perceptiva ativava regiões do cérebro sabidamente ativadas (embora não exclusivamente) por condições desagradáveis.[7] Isso atende às expectativas da teoria da lacuna da informação — a curiosidade perceptiva aqui pareceu produzir uma sensação negativa de necessidade e privação, algo parecido com a sede.

Em segundo lugar, os pesquisadores observaram que o alívio da curiosidade perceptiva ativava circuitos de recompensa conhecidos.[8] Essas descobertas mais uma vez estavam de acordo com a ideia de que o fim do estado de perturbação típico da curiosidade perceptiva (pela obtenção da informação desejada), ou ao menos a redução da sua intensidade, é algo percebido como uma recompensa para a mente.

Jepma e seus colaboradores descobriram um terceiro fato interessante: a indução e a redução da curiosidade perceptiva reforçavam a memória incidental (memórias formadas sem intenção) e eram acompanhadas pela ativação do hipocampo (Figura 14 do encarte), uma estrutura cerebral reconhecida por uma associação à aprendizagem. Essa descoberta reforçou ainda mais a conjectura de que provocar a curiosidade é uma estratégia potente não só para motivar a exploração, mas também para fortalecer a aprendizagem.

As diferenças, e não as semelhanças, entre os resultados de Jepma e os de Kang e seus colegas foram consideradas particularmente intrigantes. As descobertas de Jepma em geral foram consistentes com (embora não uma prova de que) a ideia de que a curiosidade é um estado desagradável, enquanto as descobertas de Kang foram consistentes com (embora, mais uma vez, não uma prova de que) a curiosidade é essencialmente uma condição prazerosa. Como podemos conciliar essas conclusões aparentemente discrepantes? Em primeiro lugar, já observem que o estudo de Jepma teve como objetivo expresso a investigação da curiosidade perceptiva — ou curiosidade estimulada por estímulos ambíguos, estranhos ou curiosos. Mais precisamente ainda, o mecanismo da curiosidade provocado por imagens borradas pode ser caracterizado como *específico-perceptivo*, já que os participantes ficaram curiosos para descobrir o que certas imagens turvas representavam. Por outro lado, ao examinar a curiosidade provocada por perguntas sobre conhecimentos gerais, o estudo de Kang e seus colaboradores explorou principalmente as camadas da curiosidade *específico-epistemológica* — o desejo intelectual por conhecimentos específicos. Diante disso, portanto, os dois estudos parecem sugerir que diferentes facetas ou mecanismos da curiosidade podem envolver (ao menos parcialmente) regiões diferentes do cérebro e podem se manifestar como estados psicológicos distintos.

Se confirmada, essa interpretação poderia reforçar o cenário binário ou dual de Jordan Litman. Lembremos que Litman propôs a existência do que denominou I-curiosidade, ou a emoção agradável envolvida no interesse, e a P-curiosidade, o sentimento de aversão à privação resultante da inacessibilidade do cérebro a determinada informação. Combinando os resultados neurocientíficos com o conceito de Litman, temos a impressão de que a curiosidade perceptiva talvez devesse ser classificada primariamente como do tipo P, enquanto a curiosidade epistemológica baseia-se no tipo I. O quadro resultante também reforça a hipótese dos cientistas da cognição Gottlieb, Kidd e Oudeyer de que, "em lugar de usar um único processo de otimização, a curiosidade consiste em uma *família de mecanismos* que inclui heurísticas simples relacionadas à novidade/surpresa e mede o progresso da aprendizagem em escalas de tempo mais longas".[9] Isso não significa necessariamente que variedades diferentes da curiosidade empregam partes completamente diferentes do cérebro. Pode ser que diferentes tipos de curiosidade envolvam alguma parte comum principal do cérebro (como as regiões responsáveis pela sensação da antecipação), mas também ativem circuitos e substâncias químicas distintos, mesmo apesar de todas as operações do cérebro terem certo grau de conectividade funcional.

Curiosamente, contudo, Jepma e seus colegas observaram que algumas incertezas existentes tanto no seu estudo quanto no de Kang e colaboradores não permitem que sejam tiradas conclusões definitivas. Por exemplo, como na experiência de Kang as perguntas sobre conhecimentos gerais foram sempre seguidas pelas respostas corretas, não fica inteiramente claro se a ativação de um componente em particular do cérebro refletia a antecipação geral de algum tipo de retorno, a curiosidade em relação à resposta certa, ou uma combinação de ambas. Precisamente por isso a equipe de Jepma optou por nem sempre satisfazer a incerteza induzida pelas imagens borradas, mostrando imagens claras sem nenhuma relação com as primeiras. Essa diferenciação deliberada permitiu que os pesquisadores estabelecessem uma separação entre a ativação produzida pela curiosidade a respeito da natureza do objeto na imagem e a curiosidade potencialmente criada pela antecipação de alguma forma de retorno que talvez desvendasse as imagens borradas.

Ao mesmo tempo, porém, a equipe de Jepma reconheceu que o fato de a imagem clara ter sido revelada apenas em metade dos testes realizados em seus experimentos introduziu uma ambiguidade adicional às interpretações dos resultados. Para sermos mais específicos, seria impossível determinar a que ponto os participantes experimentaram a incerteza (e, portanto, curiosidade) a respeito da verdadeira identidade da imagem, ou a incerteza proveniente das possibilidades de a imagem ser ou não eventualmente revelada (ou, ainda, uma mistura de ambas).

Essas limitações inerentes às experiências de Kang e Jepma servem para ilustrar como é difícil realizar pesquisas nos campos da psicologia da cognição e da neurociência. O cérebro é uma peça de hardware tão complexa, e a mente um software tão maravilhosamente elaborado e impenetrável, que mesmo as experiências planejadas com a maior meticulosidade deixam espaço para a imprevisibilidade.

Não obstante, a experiência de Jepma me impressionou tanto que fiquei extremamente curioso para saber o que levara a ela, se tivera alguma continuação, e, nesse caso, qual fora o caminho seguido. "Por que você decidiu estudar a curiosidade?", perguntei-lhe em uma conversa pelo Skype.

"Eu estava estudando o dilema entre investigar e explorar", ela explicou. "Você investiga coisas que já sabe, e explora quando sabe muito pouco. Eu estava interessada em como a investigação e a exploração guiam e dirigem o seu processo de decisão."

Embora isso fizesse total sentido, ainda não era uma resposta completa para a minha pergunta, então persisti. "E então?"

"Bem, percebi que uma das principais motivações para a exploração é a curiosidade, e foi assim que cheguei a ela. Para a minha surpresa, descobri que haviam sido feitas pouquíssimas pesquisas sobre a curiosidade no âmbito da neurociência, apesar da sua imensa importância."

"Você fez algum trabalho adicional que talvez ainda não tenha sido publicado?"

Ela sorriu. "Como você adivinhou? Fiz um estudo preliminar para testar se os indivíduos estão dispostos a suportar até mesmo a dor física para aliviar sua curiosidade."

"E eles estão?"

"Nem todos estavam dispostos a sofrer dores", disse ela, "mas alguns sim. Houve um efeito significativo."

Tudo que consegui pensar em dizer foi: "Uau!"

Outro resultado interessante veio dos dois estudos com ressonância magnética. As descobertas sugerem não apenas algumas conexões excitantes entre a curiosidade, a memória e a aprendizagem, mas também uma sobreposição entre os circuitos do cérebro relacionados à curiosidade e à recompensa. Como você deve se lembrar, as investigações cognitivas também sugerem que a mente produz recompensas que atribuem valor à coleta de informações. Mais do que isso, as experiências com a ressonância magnética levantaram uma série de novas questões: como, exatamente, a curiosidade influencia a memória? A capacidade da memória ativa influencia a curiosidade? O valor do acúmulo de informações para o sistema de recompensa é o mesmo de outras coisas valorizadas (como um pedaço de chocolate, um copo de água ou uma droga)? A curiosidade que guia a exploração espontânea é a mesma que a curiosidade artificialmente induzida e passivamente reduzida em experiências neurocientíficas?

Curiosidade, recompensa e memória

De certa forma, não precisamos dos estudos com a ressonância magnética para descobrir que as pessoas aprendem sobre um assunto com mais eficiência quando ficam curiosas a seu respeito do que quando estão entediadas. Todos nós já sentimos a combinação característica de desgaste e fadiga de quando somos forçados a assistir a uma aula chata ou nos sentar entre dois indivíduos chatos durante um jantar. As pessoas acham muito mais fácil aprender sobre tópicos pelos quais têm interesse. Mas a curiosidade também afeta as nossas lembranças? E, se afeta, é através de que mecanismo? Eram essas questões que os neurocientistas Matthias Gruber, Bernard Gelman e Charan Ranganath, da Universidade da Califórnia, em Davis, queriam responder.[10]

Os pesquisadores partiram no mesmo caminho que Kang e sua equipe, pedindo a estudantes que respondessem a uma série de perguntas sobre conhecimentos gerais. Os participantes eram, então, instruídos a classificar a confiança nas suas respostas e indicar seu nível de curiosidade para descobrir a resposta correta para cada pergunta. Foi aí, todavia, que o estudo de Gruber introduziu uma nova reviravolta. O processo inicial permitiu que Gruber e seus colegas criassem uma lista personalizada de perguntas para cada estudante, deixando de fora todas as perguntas para as quais o aluno já soubesse as respostas. Cada lista era composta por perguntas em relação às quais os estudantes tivessem demonstrado vários níveis de curiosidade, de "morrendo de vontade" de descobrir a resposta a não dar a mínima.

Os pesquisadores, então, usaram a ressonância magnética para observar o cérebro de cada estudante enquanto sua lista personalizada de perguntas aparecia em sequência numa tela. Após cada questão, seguia-se um intervalo inativo de antecipação de 14 segundos, durante o qual um rosto aleatório aparecia na tela por dois segundos. A seguir, vinha a resposta para a pergunta, e o processo se repetia. Depois da sessão de ressonância do cérebro, pediram aos participantes que fizessem um teste surpresa para avaliar sua memória dos rostos que haviam sido mostrados durante os períodos de espera, assim como um teste de memória sobre as perguntas.

No que diz respeito às regiões do cérebro ativadas durante a expectativa por informações interessantes, os resultados de Gruber e seus colaboradores foram, em geral, consistentes com os de Kang e equipe. O estudo de Gruber, todavia, forneceu novas pistas fascinantes conectando a curiosidade à recompensa e à memória. Em primeiro lugar, com a comparação entre a atividade cerebral durante os intervalos antecedentes às respostas que os estudantes queriam muito saber e a atividade cerebral durante os intervalos antecedentes às respostas em que eles não estavam interessados, os pesquisadores descobriram que a ativação seguia precisamente os caminhos do cérebro que transmitem dopamina. A dopamina é um neurotransmissor — uma substância química liberada no cérebro pelos neurônios para o envio de sinais a outros neurônios — que exerce um papel importante no sistema de recompensa do cérebro. Os resultados obtidos por Gruber e seus colegas, assim, confirmaram que a curiosidade epistemológica mexe com o sistema de recompensa. Em outras palavras, o desejo de aprender produz suas próprias recompensas internas. Em segundo, como seria de se esperar, o estudo revelou que, quando a curiosidade do indivíduo é provocada, ele aprende mais rapidamente. Eles também retinham melhor as informações 24 horas depois. O mais surpreendente, no entanto, foi que, além disso, o estudo mostrou que os participantes até mesmo reconheciam com mais frequência os rostos aleatórios que apareciam na tela enquanto aguardavam pelas respostas das perguntas que despertavam a sua curiosidade. A implicação é que até mesmo o aprendizado de informações incidentais melhora com um grau elevado de curiosidade. Gruber especulou: "A curiosidade pode colocar o cérebro em um estado que lhe permite aprender e retornar a qualquer tipo de informação, como um vórtice que suga aquilo que você está motivado a aprender, e também tudo ao redor."[11]

Uma terceira descoberta de Gruber e sua equipe foi igualmente interessante. Além de perceber que o processo de aprendizagem era associado ao aumento da atividade na região que exerce um papel crucial na formação de novas memórias, o hipocampo, eles também observaram que a força da interação entre o hipocampo e o circuito de recompensa também se intensificava. Era como se a curiosidade recrutasse ativamente o sistema de recompensa para auxiliar o hipocampo na absorção e na conservação da informação.

Experiências dos psicólogos Brian Anderson e Steven Yantis, da Universidade Johns Hopkins, acrescentaram mais uma dimensão ao quadro. Elas mostraram que a relação entre a curiosidade e o sistema de recompensa atua também no sentido oposto.[12] Isto é, estímulos anteriormente associados à recompensa geraram curiosidade e capturaram atenção mais de seis meses depois, mesmo quando as informações originais haviam sido apresentadas como distrações irrelevantes. Assim sendo, parece que estímulos inicialmente seguidos do recebimento de recompensas geram inclinações persistentes da atenção e induzem à curiosidade, mesmo sem um reforço contínuo. Em outras palavras, a interação entre a curiosidade e o sistema de recompensa é uma via de mão dupla, cada mão auxiliando a outra.

Por fim, os resultados de Gruber parecem sugerir que, mesmo apesar de a curiosidade refletir uma motivação intrínseca, ela ainda assim pode ser intermediada por mecanismos e circuitos cerebrais semelhantes àqueles que fazem as pessoas desejarem, digamos, sorvete, nicotina ou vencer partidas de pôquer. Isso significa, entretanto, que a curiosidade e a informação buscada apenas modulam, de algum modo, o valor que o cérebro atribui a recompensas básicas, como água ou comida? Ou a informação e a sua aquisição possuem seu próprio valor independente em algum lugar do cérebro?

Para investigar essa questão, os neurocientistas Tommy Blanchard, Ben Hayden e Ethan Bromberg-Martin recentemente usaram o fato de informações antecipadas sobre eventos futuros ajudarem na tomada de decisões para testar hipóteses contrárias sobre onde, exatamente, o cérebro avalia recompensas em potencial.[13] Eles se concentraram em uma área dos lóbulos frontais dos cérebros de macacos que sabemos estar envolvida no processo cognitivo da tomada de decisão. Especificamente, eles registraram a atividade dos neurônios em uma região conhecida como área 13 do córtex frontal orbital (OFC; Figura 14 do encarte). O OFC tem um papel central na sinalização de informações sobre a recompensa.

Os pesquisadores estavam tentando esclarecer um ponto. Se não há dúvidas de que os valores atribuídos pelo cérebro à informação e a recompensas básicas (como comida ou drogas) são eventualmente integrados a uma única quantidade, por sua vez usada para orientar determinado comportamento, não se sabe o que exatamente acontece *antes* de os dois valores serem combinados para criar um agregado. O objetivo dos pesquisadores, portanto, era estabelecer uma distinção entre duas alternativas em potencial a respeito do papel do OFC nesse tipo de decisão. A primeira possibilidade era a de que o OFC representasse uma etapa na qual componentes como dados sobre informações e recompensas básicas são mantidos separadamente, sendo obtidos apenas mais tarde em alguma área posterior. Por outro lado, o OFC poderia ser precisamente o local onde os fatores relativos às informações e à recompensa básica já estão fundidos para gerar o valor único que eventualmente serve de base para as decisões.

No estudo, Blanchard e sua equipe registraram a atividade dos neurônios do OFC nos cérebros de macacos que podiam escolher entre apostas que diferiam de duas maneiras: (1) a quantidade de água associada ao sucesso na aposta (uma recompensa básica) e (2) o valor da fonte de informação — se uma dica revelava o resultado da aposta antes de ele ser obtido.

Dois resultados foram particularmente importantes. Primeiro, os macacos regularmente sacrificavam sua água em troca da antecipação de informações. Isso lembra a descoberta inconclusa de Jepma de que as pessoas estavam dispostas até mesmo a suportar a dor a fim de satisfazer sua curiosidade. Segundo, viu-se que o OFC codificava o valor da informação e o valor da recompensa básica independentemente, sem integrá-los em uma única variável. O filósofo Thomas Hobbes aparentemente estava chegando a algum lugar quando se referiu à curiosidade como a "luxúria da mente". Na verdade, Blanchard, Hayden e Bromberg-Martin especularam que, "assim como o OFC regula a busca pela apetitosa recompensa em resposta a estados internos como a fome e a sede, o OFC pode regular a busca por informações em resposta a estados internos como a incerteza e a curiosidade". Para simplificar, o OFC parece servir como via de acesso para o resto do sistema de recompensa, e gera entradas que mais tarde são usadas no processo consolidado de avaliação, mas sem atuar como avaliador final. Em particular, a curiosidade parece ser quantificada separadamente dos outros elementos que o OFC avalia.

Todos esses experimentos demonstram que, embora o quebra-cabeça da curiosidade esteja longe de ser concluído, os neurocientistas estão começando a revelar as conexões íntimas entre os mecanismos da curiosidade, da recompensa e da aprendizagem, e também a identificar os papéis específicos de diversos componentes do cérebro no complexo circuito desses mecanismos.

Força de vontade

Os procedimentos adotados nos estudos de Kang, Jepma, Gruber, Blanchard e seus colaboradores não permitiram que os pesquisadores examinassem se o alívio da curiosidade através da exposição passiva a informações redutoras da incerteza (como as respostas a perguntas sobre conhecimentos gerais ou as imagens claras que desmistificavam imagens borradas) difere da satisfação da curiosidade alcançada pela exploração ativa. Em uma das tentativas de se preencher essa lacuna para a compreensão de como a curiosidade opera, o neurocientista da Universidade de Illinois Joel Voss e seus colaboradores investigaram o que acontece no cérebro durante o comportamento exploratório ativo motivado pelo livre-arbítrio pessoal.[14]

Voss e sua equipe observaram corretamente que, embora a maioria das teorias do aprendizado enfatize a importância do controle individual sobre o que está sendo aprendido e sobre como e quando está sendo aprendido, a maioria das experiências sobre a curiosidade e o aprendizado já realizadas usou paradigmas nos quais os participantes reagiam passivamente a informações que lhes eram apresentadas. Para evitar esse problema, Voss e seus colegas usaram uma tarefa de aprendizagem projetada para que pudessem estudar os efeitos do controle volitivo (por escolha) da exploração visual na eficiência do processo de aprendizagem. Especificamente, pediram aos participantes que examinassem conjuntos de objetos comuns, vendo um objeto de cada vez através de uma janela móvel. Até aqui, parece algo muito convencional, mas então entra um novo ângulo. Cada participante experimentou duas condições de observação: uma em que o participante podia controlar ativamente a posição da janela, e outra em que o participante era um receptor passivo da sequência de imagens. Voss e sua equipe usaram uma técnica inteligente, na qual os movimentos controlados e volitivos de um participante eram gravados e em seguida exibidos durante a condição passiva do participante seguinte. De modo geral, os participantes viam precisamente as mesmas sequências, apresentadas com intervalos de tempos precisamente iguais, tanto nas condições volitivas como nas passivas, mas, no primeiro caso, os participantes escolhiam a sequência que veriam. Esse método permitiu que os pesquisadores identificassem as diferenças que podiam ser diretamente atribuídas aos efeitos do controle volitivo.

Os resultados mostraram que o controle volitivo mais tarde aumentou significativamente a memória em relação à configuração passiva, mesmo apesar de o conteúdo da informação ser idêntico. Isso provavelmente não é uma surpresa para ninguém que já tenha tentado deduzir alguma informação de um website enquanto outra pessoa tinha o controle do mouse do computador. Talvez ainda mais importante, a ativação do hipocampo, que tem um papel essencial na consolidação da informação da memória de curto prazo para a memória de longo prazo, foi mais forte durante a exploração ativa volitiva. Os pesquisadores sugeriram, assim, que os efeitos do controle volitivo sobre a memória podiam ser atribuídos ao aumento da coordenação entre o hipocampo e outras áreas corticais do cérebro. Lembremos que Jepma e sua equipe também observaram que o alívio da curiosidade perceptiva estava associado a uma maior ativação do hipocampo e ao aumento da memória incidental. O estudo de Voss serviu para dar um zoom nesse quadro e amplificá-lo pela indicação de que o controle volitivo fortalece ainda mais o aprendizado. Voss e seus colaboradores formularam a teoria de que o efeito adicional era resultado de uma intensificação significativa da comunicação entre o hipocampo e os sistemas neurais responsáveis por funções como o planejamento e a atenção. Essa comunicação reforçada, por sua vez, produz um processo de atualização mais eficiente, que permite que o cérebro fique curioso e absorva os elementos mais relevantes das informações disponíveis. Essa é, de certo modo, a versão do cérebro de um centro de gestão de emergências, que coordena a comunicação entre serviços responsáveis por agir em casos de desastre.

Antes de resumir brevemente o que aprendemos sobre a natureza da curiosidade a partir das experiências cognitivas e neurocientíficas, mencionemos mais duas advertências às quais devemos estar atentos. Em primeiro lugar, nas experiências com ressonância magnética baseadas em tarefas, os pesquisadores examinam a extensão espacial (isto é, as localizações) da atividade cerebral em momentos predeterminados. Isso equivale a presumir que a atividade tem a forma de uma *onda estacionária* (como a formada pela vibração de uma corda de um violino segurada nas duas pontas), na qual a força do sinal permanece constante no tempo em todos os pontos da sua extensão. Porém, em um estudo publicado em junho de 2015, o neurocientista David Alexander, da Universidade de Leuven, na Bélgica, e sua equipe argumentaram que a agitação cerebral é mais parecida com uma *onda senoidal*,[15] as ativações e desativações movendo-se rapidamente através do cérebro. Isso significa que, se tratarmos as dimensões temporal e espacial como se fossem distintas, podemos ter uma perda de grande parte das informações relevantes. Alexander e seus colegas concluíram: "Questionamos a própria noção de que as entidades neurológicas são eventos [que] ocorrem em determinados locais e momentos em vez de serem formadas por trajetórias que se estendem ao longo de locais e momentos." Em outras palavras, esse time argumenta que uma mera fotografia de um pequeno trecho de mar não captura a imagem completa de um oceano turbulento, examinando apenas o que acontece em regiões particulares do cérebro em determinado momento. Ao examinarmos o que acontece apenas em regiões particulares do cérebro em momentos fixos, não observamos o fato de que a atividade se propaga de uma maneira complexa através do cérebro. Se Alexander e sua equipe estiverem corretos, talvez algumas das conclusões obtidas a partir da neuroimagiologia precisem ser revistas quando tivermos acesso a técnicas mais sofisticadas de obtenção de imagens e análise de dados.

Uma segunda qualificação está relacionada à confiança que podemos atribuir aos resultados da pesquisa psicológica em geral. Em um importante estudo feito pela colaboração de 270 pesquisadores espalhados em cinco continentes, intitulado "The Reproducibility Project: Psychology" [O Projeto da Reprodutibilidade: Psicologia] e publicado em agosto de 2015,[16] os pesquisadores afirmaram ter conseguido replicar somente cerca de 40% dos resultados de cem estudos realizados nas áreas da psicologia cognitiva e da psicologia social, publicados em 2008 em respeitados periódicos científicos. Esse projeto faz parte da aplicação do método científico, que defende testes contínuos, revisões e o questionamento da validade das hipóteses. Somente pela adoção de procedimentos de análise tão rigorosos é que a ciência pode se autocorrigir. Embora o tiro do Reproducibility Project tenha saído pela culatra, já que um estudo mais recente levantou questões sobre os seus próprios resultados,[17] não há como negar que devemos sempre exercitar o cuidado e enfatizar a incerteza ao avaliarmos resultados experimentais em geral, especialmente aqueles que supostamente fornecem evidências empíricas para teorias preferidas pelos responsáveis. Observemos também que, em virtude das dificuldades técnicas e relacionadas ao financiamento, os estudos da neurociência muitas vezes contam com um número pequeno de participantes. Por exemplo, os experimentos de Kang e Jepma contaram, cada um, com ressonâncias dos cérebros de apenas dezenove estudantes. Por consequência, a relevância estatística dos resultados é limitada.

Tendo essas importantes restrições em mente, que quadro geral da curiosidade parece emergir a partir de todos esses estudos psicológicos e neurocientíficos recentes? Segue-se um breve panorama.

Entrando em foco

Só relativamente há pouco tempo foi que a curiosidade começou a receber o foco que merece. Ainda que muitos dos detalhes dos mecanismos por trás da curiosidade permaneçam desconhecidos, pelo menos está começando a surgir uma compreensão geral. O que aprendemos até agora?

Primeiro, à medida que as crianças passam a praticar atividades cada vez mais complexas, elas exploram seu novo ambiente e adquirem novos conhecimentos. A trajetória que seguem enquanto crescem é muito semelhante entre a maioria das crianças, o que indica mecanismos básicos comuns. A curiosidade das crianças parece conduzi-las por um caminho que aumenta o conhecimento e envolve um processo de decisão muito adequado, que maximiza a aprendizagem e facilita a descoberta de relações casuais. As crianças parecem entender relativamente cedo que cada efeito está associado a uma causa dentro de uma cadeia contínua de eventos. Sua curiosidade parece atribuir valor a tarefas competitivas baseadas no seu potencial para permitir a descoberta.

O comportamento exploratório dos adultos também parece seguir padrões bastante consistentes, até mesmo em circunstâncias ilimitadas e apesar das diferenças individuais. Os pesquisadores da área da inteligência artificial Frederic Kaplan e Pierre Yves-Oudeyer sugeriram que todos esses elementos poderiam ser capturados no contexto de um paradigma em que o objetivo da curiosidade e do comportamento exploratório seria reduzir o erro da previsão o máximo possível.[18] Em outras palavras, de acordo com esse ponto de vista, os seres humanos (crianças e adultos) evitam tanto rotas extremamente previsíveis quanto as altamente imprevisíveis no intuito de se concentrar nos percursos para a satisfação da curiosidade que podem maximizar a proporção em que há uma redução maior dos seus erros de previsão. Gottlieb, Kidd e Oudeyer ainda esclareceram e explicaram o que consideram a principal "meta" da curiosidade, que dizem ser a maximização da aprendizagem (em vez da mera redução da incerteza).

O que é, realmente, a curiosidade? Do meu humilde ponto de vista, os estudos cognitivos e de neuroimagiologia parecem reforçar um cenário no qual o que chamamos de curiosidade pode na verdade englobar uma família de estados ou mecanismos interconectados e alimentados por circuitos distintos do cérebro. Em particular, a curiosidade provocada por estímulos novos, surpreendentes ou confusos — curiosidade perceptiva — parece estar associada principalmente a uma condição desagradável, repulsiva. Nesse caso, a curiosidade é um meio de reduzir a sensação negativa de privação. Esse tipo de curiosidade é adequadamente explicado pela teoria da lacuna da informação, e sua intensidade, quando representada por uma função do nível de incerteza, assume uma forma em U invertido.

Por outro lado, a curiosidade que corresponde ao nosso amor pelo conhecimento e ao desejo de adquiri-lo — curiosidade epistemológica — é experimentada como um estado agradável. Nesse caso, a curiosidade fornece uma motivação intrínseca em seu próprio benefício. Para reforçar esse quadro dos diferentes tipos de curiosidade, observou-se que a curiosidade perceptiva ativa regiões do cérebro sensíveis ao conflito, enquanto a curiosidade epistemológica conecta áreas do cérebro ligadas à antecipação de recompensa.

A satisfação da curiosidade (de qualquer tipo) está intimamente relacionada ao circuito neural da recompensa, e aumenta a memória e a aprendizagem, especialmente quando a informação viola expectativas anteriores e quando a exploração é ativa e volitiva. No sentido oposto, recompensas anteriores podem despertar um nível mais elevado de curiosidade, mesmo sem lembretes ou incentivos.

Um interessante estudo recente sugere que até as diferenças individuais podem ser estimadas com certa confiança pelo uso da ressonância magnética. Os neurocientistas Ido Tavor e Saad Jbabdi, da Universidade de Oxford, juntamente a seus colaboradores mostraram que as imagens obtidas pela ressonância magnética do cérebro de uma pessoa em repouso, sem fazer absolutamente nada, podem prever quais partes do cérebro serão ativadas durante uma série de atividades.[19] Essas atividades incluem a leitura (que envolve a interpretação da linguagem) e a aposta (que é associada à tomada de decisão).

Como já observei, essas novas pistas não significam que nós já tenhamos desvendado a curiosidade.[20] Ela é um tópico em que as ideias se chocam e tudo pode e tem grande probabilidade de mudar. Seguem-se apenas algumas das questões básicas para as quais neurocientistas e psicólogos gostariam de contar com respostas mais completas: A curiosidade desempenha um papel na conservação das capacidades cognitivas durante a vida adulta? Quais são as semelhanças e diferenças precisas entre a curiosidade e outras necessidades básicas, como a sede, a fome e o sexo? Quais são os principais elementos e mecanismos neurais que governam e dirigem a curiosidade? Como, exatamente, o cérebro combina esses componentes para construir um curso claro para a tomada de decisão? O que, precisamente, está por trás das diferenças individuais na curiosidade e nos impulsos exploratórios?

Não são perguntas fáceis de responder, e precisamos de um corpo de pesquisa consideravelmente maior para chegar a respostas definitivas para todas. No que diz respeito à última questão, por exemplo, Gottlieb,

Kidd, Oudeyer e seus colaboradores estão embarcando em um extenso estudo cujo objetivo é testar as interessantes hipóteses de que um componente importante das variações na curiosidade dos indivíduos estaria relacionado às diferenças na sua capacidade funcional de memória e no seu controle executivo. Os pesquisadores especulam que, como a memória funcional afeta diretamente a codificação e a retenção de informações, ela pode gerar um impacto no valor que atribuímos ao aprendizado e à novidade. Para avaliar a viabilidade da sua conjectura, os pesquisadores buscarão correlações entre a curiosidade e medições da memória funcional em um grupo de crianças. Primeiro, estabelecerão uma escala de classificação da curiosidade entre as crianças com base em uma série de tarefas de exploração; em seguida, traçarão caracterizações da capacidade funcional de memória das crianças com testes padronizados de memória. Essas experiências (com mais de cem crianças) permitirão que os pesquisadores examinem estatisticamente se a curiosidade e a memória funcional estão de fato correlacionadas. É interessante observar, nesse aspecto, que já nos anos 1960 o psicólogo Sarnoff Mednick sugeriu que a criatividade (para a qual a curiosidade é um ingrediente necessário) não passa de uma expressão de uma memória associativa, a capacidade de se lembrar do relacionamento entre itens não relacionados, que funciona excepcionalmente bem.[21]

Há ainda outro aspecto da curiosidade que merece uma atenção especial. Os seres humanos são diferentes de todos os outros animais no que diz respeito à nossa capacidade cognitiva de formular e integrar informações abstratas, de inventar e analisar cenários hipotéticos e até abstratos, e à nossa aptidão para transformar quase tudo o que percebemos em perguntas do tipo *por que* e *como* com significado. Por fim, foram a curiosidade e o desejo de explorar a fim de se chegar ao fundo das causas e efeitos que levaram ao nascimento das religiões, a disciplinas como a lógica (e, portanto, a matemática e a filosofia) e à busca pela compreensão de como a natureza opera (o que hoje chamamos de ciência) — e, consequentemente, à tecnologia e à engenharia, já que a maioria das pesquisas acaba levando a aplicações práticas. Ao mesmo tempo, o aparecimento e a evolução da complexa linguagem humana, bem como a capacidade mental inerente de descrever o que existe não só no mundo real, mas também em um mundo que pode ser apenas imaginado, produziram a literatura, as artes visuais e a música.

Quando e por que surgiu essa diferença notável entre a curiosidade manifestada pelos seres humanos e a curiosidade dos outros animais? No próximo capítulo, investigaremos como a nossa capacidade de perguntar "Por quê?" é um pré-requisito para as formas sofisticadas de curiosidade e é exclusividade humana.

7.

Breve história da origem da curiosidade humana

PESQUISAS MODERNAS NA PSICOLOGIA E NA NEUROCIÊNCIA SUGErem que a curiosidade (pelo menos o tipo epistemológico) é um processo mental de decisão cujo objetivo é maximizar o aprendizado. Para alcançar esse objetivo, são atribuídos valores a alternativas concorrentes com base no que se percebe como seu potencial para fornecer respostas a perguntas que intrigam o indivíduo. Assim, em essência, a curiosidade na verdade é um mecanismo de descoberta.

Os estudos com ressonância magnética permitiram aos pesquisadores localizar a curiosidade no cérebro. Eles mostraram que as principais regiões do cérebro que participam ativamente dos processos cognitivos do estímulo e da satisfação da curiosidade pertencem ou ao córtex cerebral, a camada externa do tecido nervoso que é o quartel-general da memória, do pensamento e da consciência (assim como das funções motoras e sensoriais), ou ao corpo estriado, uma parte subcortical do prosencéfalo, essencial para o sistema de recompensa (Figura 14 do encarte). Consequentemente, perguntar por que os seres humanos são a única espécie capaz de perguntar incessantemente "Por quê?" é, de certo modo, o equivalente a perguntar o que torna o córtex e o corpo estriado do cérebro humano únicos entre as espécies animais. Ao mesmo tempo, também gostaríamos de entender (de uma perspectiva evolucionária) como essas estruturas do cérebro humano se tornaram o que são. Antes de começarmos a responder essas perguntas, entretanto, talvez seja útil revisar alguns fatos simples a respeito do nosso cérebro.[1]

Os neurônios são os componentes básicos, os tijolos computacionais que criam a atividade cerebral. Essas células eletricamente excitáveis são as unidades que processam e transmitem informações através de uma variedade de sinais químicos e elétricos. Como em uma vasta rede computacional, cada neurônio se conecta a milhares de vizinhos. As conexões ocorrem em dois tipos de ramificações: os *axônios*, que transmitem sinais a partir do núcleo da célula, e os *dendritos*, que recebem os sinais de fora. Existe uma lacuna minúscula, uma sinapse, onde um axônio encontra um dendrito. Quando um neurônio é ativado, o axônio secreta substâncias químicas conhecidas como neurotransmissores para preencher a sinapse. Isso permite que o sinal atravesse a lacuna e provoque a ativação de outro neurônio. Como em um incêndio florestal que se espalha rapidamente, muitos neurônios podem, assim, ser quase simultaneamente ativados por uma reação em cadeia.

O cérebro humano possui dois hemisférios, que são cobertos por um tecido cinzento enrugado, o córtex cerebral (Figura 14 do encarte). Cada saliência é um giro e cada depressão é um sulco. O ponto importante aqui para os nossos propósitos é que parte dos neurônios do córtex cerebral é responsável por tudo que associamos ao conceito da inteligência.

A matéria do cérebro

Curiosamente, até por volta de 2007, apesar de métodos de amostragem baseados em seções bidimensionais do cérebro (estereologia) já terem sido amplamente usados, o número total (médio) de neurônios do cérebro humano — e, aliás, tampouco dos cérebros de outras espécies — não era conhecido com grande precisão. Embora o número 100 milhões fosse frequentemente citado em relação ao nosso cérebro, não era um dado particularmente confiável. O número de neurônios de quaisquer das subestruturas do cérebro, portanto, era igualmente incerto. Tudo isso mudou com o admirável trabalho da pesquisadora brasileira Suzana Herculano-Houzel e sua equipe.[2] Herculano-Houzel traçou um método engenhoso para contar os neurônios por meio da simples dissolução do cérebro em uma "sopa" — uma suspensão de núcleos celulares livres. Como a sopa podia ser agitada e completamente misturada para se transformar em uma solução homogênea, contando os neurônios em uma amostra do líquido e multiplicando o resultado pela proporção apropriada do volume, Herculano-Houzel obteve uma estimativa bastante precisa do número de neurônios do cérebro inteiro.

Conheci Herculano-Houzel em 2013, e conversei com ela mais detalhadamente sobre seu trabalho quando estava escrevendo este capítulo. De um golpe só, ela e seus colegas puseram fim a anos de ambiguidade e especulações apresentando dados sólidos. Assim, talvez você esteja impacientemente se perguntando quantos neurônios existem no cérebro humano. A resposta de Herculano-Houzel foi inequívoca: em média, para os homens brasileiros entre 50 e 70 anos, aproximadamente 86 bilhões. Um rato, para fazer uma comparação, tem apenas cerca de 189 milhões (o que explica por que não é um rato que está escrevendo este livro), enquanto um orangotango tem por volta de 30 bilhões. Talvez você ache que 86 bilhões seja um número bem próximo da estimativa original de 100 bilhões, e que, assim sendo, a nova precisão não é tão importante. A resposta de Herculano-Houzel a comentários que fazem essa afirmação é apontar que a diferença de 14 bilhões de neurônios constitui o cérebro inteiro de um babuíno! Ela e sua equipe de pesquisa também calcularam os números médios dos neurônios das partes do cérebro humano: 69 bilhões no cerebelo (a parte vital para o controle motor), 16 bilhões no córtex cerebral e pouco menos de 1 bilhão no restante do cérebro.

O trabalho de Herculano-Houzel, contudo, forneceu muito mais informações do que meras contagens de neurônios. Ele abriu as portas para uma série de novas contribuições. Em particular, Jon Kaas, um neurocientista da Universidade Vanderbilt, pôde, pela primeira vez, mostrar que nem todos os cérebros seguem as mesmas regras em termos de proporção.³ Nos cérebros dos roedores, por exemplo, um número dez vezes maior de neurônios no córtex cerebral requer um córtex cerebral não dez, mas cerca de cinquenta vezes maior em massa.⁴ Por outro lado, os primatas conseguem comprimir mais neurônios em cérebros relativamente menores, bem como em córtices menores. Na verdade, a massa do cérebro dos primatas é quase diretamente proporcional ao número de neurônios; isto é, o dobro da massa do cérebro resulta no dobro dos neurônios. Por exemplo, o cérebro do macaco reso pesa algo em torno de 87 gramas, sendo onze vezes mais pesado do que o cérebro do sagui, e o cérebro do reso tem cerca de dez vezes mais neurônios do que o do sagui.

Como primatas, os humanos se beneficiaram desse acondicionamento mais eficiente de números maiores de neurônios em uma massa menor do córtex cerebral e do córtex pré-frontal. *Essa compressão de neurônios deu a nós, humanos, nossa primeira vantagem evolutiva clara, ao menos sobre as espécies que não pertencem à ordem dos primatas.* Um estudo dos neurobiólogos alemães Gerhard Roth e Ursula Dicke mostrou que a inteligência das espécies tem uma grande relação com o número de neurônios no córtex cerebral.⁵ Isso, todavia, não é tudo. Talvez você ainda esteja se perguntando por que outros primatas não têm a capacidade de fazer (e com frequência responder) perguntas do tipo *por quê*. Para sermos mais específicos, por que eles também não estão investigando os nossos cérebros?

Como sabemos que os chimpanzés não perguntam "Por quê"? Existe uma quantidade considerável de evidências experimentais mostrando que os chimpanzés não procuram explicações por forças ou causas que não sejam diretamente observáveis, como os humanos. Em uma experiência interessante de Daniel Povinelli e Sarah Dunphy-Lelii, da Universidade de Louisiana, em Lafayette, por exemplo, os pesquisadores projetaram pequenos blocos de madeira de mentira que não podiam ficar estavelmente em pé por causa de pequenos pesos de chumbo colocados no seu interior.⁶ Os blocos de mentira e os blocos funcionais, visualmente idênticos, foram apresentados tanto a crianças de 3 a 5 anos como a chimpanzés. Os resultados foram impressionantes. Das crianças, 61% fizeram pelo menos um tipo de inspeção do fundo do bloco de mentira. Além disso, 50% das crianças fizeram inspeções visuais e táteis. Nenhum dos sete chimpanzés fez qualquer tipo de inspeção. Todos os sete simplesmente continuaram tentando fazer o bloco de mentira ficar de pé. Eles foram simplesmente incapazes de se perguntar *por quê*.

Uma experiência fascinante, realizada em 2015, pode ter identificado a área específica do cérebro que dá aos humanos sua capacidade única de processar informações abstratas.[7] Uma equipe de pesquisadores liderada pelos neurocientistas Stanislas Dehaene e L. Wang examinou as diferenças entre a ativação nos cérebros dos humanos e nos dos macacos reso enquanto ambos ouviam algumas sequências de tons. As sequências eram diferentes em dois aspectos: o número total de tons (investigando a capacidade de contagem) e a disposição dos tons (investigando a capacidade de reconhecimento de padrões abstratos). A equipe usou a ressonância magnética para monitorar os cérebros à medida que as sequências de tons mudavam. As mudanças podiam ser uma substituição do tipo AAAB pelo tipo AAAAB (em que o padrão permanece constante, mas o número muda) ou do tipo AAAB por AAAA (em que o número é constante, mas o padrão muda). Dehaene e seus colegas também examinaram sequências nas quais tanto o número como o padrão mudavam simultaneamente, como na substituição de AAAB por AAAAA. Tanto nos humanos quanto nos macacos, a área do cérebro geralmente associada aos números foi ativada quando o número de tons mudava. Ambas as espécies também registraram mudanças na repetição de padrões nas áreas do cérebro correspondentes. No entanto, somente os cérebros humanos registraram uma reação intensa adicional no giro frontal inferior (a região associada ao aprendizado e à compreensão da linguagem) quando tanto o número quanto o padrão da sequência foram alterados. A implicação é que, embora os macacos reconheçam números e padrões, eles não consideram a combinação abstrata dos dois suficientemente interessante para uma investigação mais profunda. Essas descobertas podem ser relevantes para outras características exclusivas dos humanos, como a apreciação da música.

Mas por que existe essa diferença entre humanos e macacos? Antes de explorarmos essa questão, quero investigar outro aspecto do cérebro humano que parece muito intrigante, relacionado ao consumo de energia pelo cérebro.

O funcionamento do cérebro humano custa cerca de 20% a 25% da reserva de energia de todo o corpo, apesar do fato de a massa cerebral corresponder a somente por volta de 2% da massa total do corpo. Em comparação a isso, os cérebros de outras espécies são muito mais "econômicos", tendo sua operação um custo médio que em geral não excede 10%. O que torna o consumo energético do cérebro humano tão elevado? Herculano-Houzel e sua equipe também conseguiram dar uma resposta clara a essa pergunta: o cérebro humano consome (em relação ao corpo) mais energia simplesmente porque tem um número muito maior de neurônios do que o cérebro de qualquer outro primata. Acontece que o consumo energético por neurônio na realidade varia muito pouco, mesmo entre espécies diferentes. O elevado custo metabólico do cérebro humano não é nada além de uma consequência direta do fato de contar com um número tão grande de neurônios.

Os nossos cérebros, como os dos outros animais, são um produto da evolução darwiniana. Os cérebros humanos demandam muita energia porque contêm mais neurônios em relação ao seu volume se comparados aos cérebros das espécies que não fazem parte da ordem dos primatas. Mas isso ainda nos deixa uma questão intrigante: Por que temos tanto neurônios a mais do que os gorilas, mesmo apesar de eles também serem primatas e de terem um corpo muito maior?

Grandes ou inteligentes

Os animais selvagens não têm o luxo de ir ao supermercado mais próximo e comprar quanta comida seu cartão de crédito permitir. (Na verdade, a triste realidade é que muitas pessoas também não têm esse luxo.) Eles

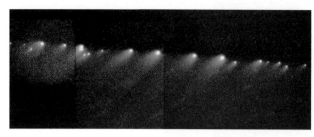

1. Imagem da divisão em pedaços do cometa Shoemaker-Levy 9, feita pelo telescópio espacial Hubble, em maio de 1994. [H. A. WEAVER, T. E. SMITH, STScI, NASA/ESA.]

2. Grupo de cientistas, incluindo o autor Mario Livio, reunidos em torno de uma tela de computador em 16 de julho de 1994, aguardando a transmissão, por telescópio, dos dados do cometa Shoemaker-Levy 9. [DE J. BEDKE, STScI, NASA.]

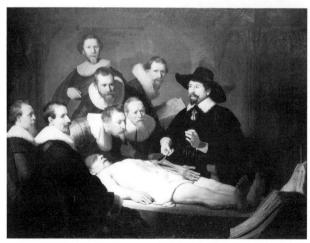

3. *A lição de anatomia do dr. Tulp*, de Rembrandt. [A PINTURA ENCONTRA-SE NO MUSEU MAURITSHUIS, EM HAIA. IMAGEM EM DOMÍNIO PÚBLICO.]

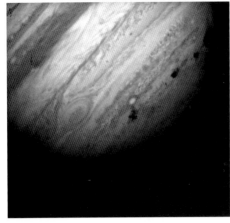

4. Imagem do momento em que o primeiro fragmento do cometa Shoemaker-Levy 9 atinge a atmosfera de Júpiter. [Do Hubble Space Telescope Comet Team e NASA.]

5. *A Última Ceia*, de Leonardo da Vinci. [Mural no refeitório do convento de Santa Maria delle Grazie, em Milão. Imagem em domínio público.]

6. Página de um dos cadernos pessoais de Leonardo da Vinci. [RCIN 912283. Com a permissão do Royal Collection Trust/© Sua Majestade a Rainha Elizabeth II, 2016.]

7. *Ginevra de' Benci*, de Leonardo da Vinci. [Na Galeria Nacional de Arte, Washington, D.C., Alisa Yellon Bruce Fund. Imagem em domínio público.]

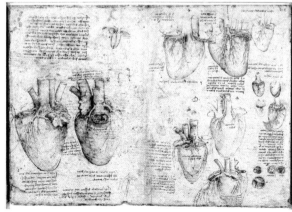

8. Desenhos de Leonardo da Vinci para estudo sobre o coração. [Com a permissão do Royal Collection Trust/© Sua Majestade a Rainha Elizabeth II, 2016.]

9. *Newton*, de William Blake. [NA COLEÇÃO DA TATE BRITAIN. IMAGEM EM DOMÍNIO PÚBLICO.]

10. Virginia Trimble, em sua casa. Um dos desenhos que Feynman fez dela está pendurado na parede logo atrás.
[DE JOSEPH WEBER. REPRODUZIDA COM A PERMISSÃO DE VIRGINIA TRIMBLE.]

11. Página do caderno de desenho de Feynman, de 1985. [Em Feynman, 1995b. Cortesia do Museum Syndicate.]

12. Página do manuscrito conhecido como *Codex Atlanticus* (datado de aproximadamente 1508-10), de Leonardo da Vinci. [Do *Códice Atlântico* de Leonardo da Vinci, na Biblioteca Ambrosiana, Milão. Com a permissão da Getty Images.]

Condição do Centro de Massa
Crença consistente com um Teórico de Massa
Crença violando um Teórico de Centro

Condição do Centro Geométrico
Crença consistente com um Teórico de Centro
Crença violando um Teórico de Massa

13. Fotos da tarefa inicial de "classificação de crença" do experimento realizado por Laura Schulz, Elizabeth Bonawitz e seus colegas no MIT. [Cortesia de Elizabeth Bonawitz.]

14. Caminhos neurais da curiosidade. [De Paul Dippolito.]

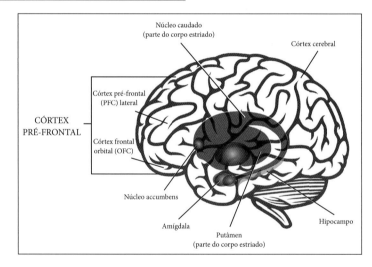

15. Para manipular o acionamento e o alívio da curiosidade perceptiva, Marieke Jepma e seus colegas usaram quatro combinações diferentes de imagens borradas e claras. [De Jepma et al., 2012. Reproduzida com a permissão de Marieke Jepma.]

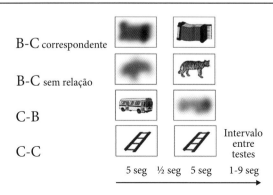

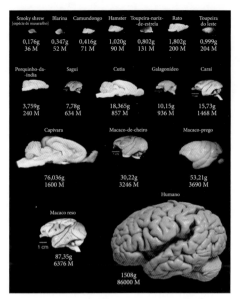

16. Massa cerebral e número total de neurônios para algumas espécies de mamíferos. [De Herculano-Houzel, 2009. Reproduzida com a permissão de Suzana Herculano-Houzel.]

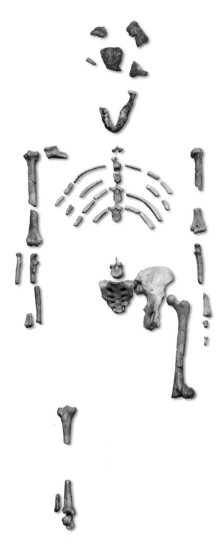

17. Molde do esqueleto fóssil de uma fêmea quase humana datado de 3,2 milhões de anos de idade. [Esqueleto de "Lucy" (AL 288-1), *Australopithecus afarensis*, molde do Museu Nacional de História Natural, Paris. Imagem em domínio público.]

18. Foto do Grande Colisor de Hádrons. [Cortesia de Katie Reisz.]

19. Retrato de Richard Feynman, da série *Pictures of Ink*, de Vik Muniz. [Com a permissão de Vik Muniz.]

20. O menor dos dois Budas de Bamiyan, em 1977. [Imagem em domínio público.]

21. Slogan da exibição de 2008 do Quadrienal U-Turn de Arte Contemporânea de Copenhague: "Substitua o medo do desconhecido pela curiosidade." [Foto tirada por Yee Ming Tan em 2008.]

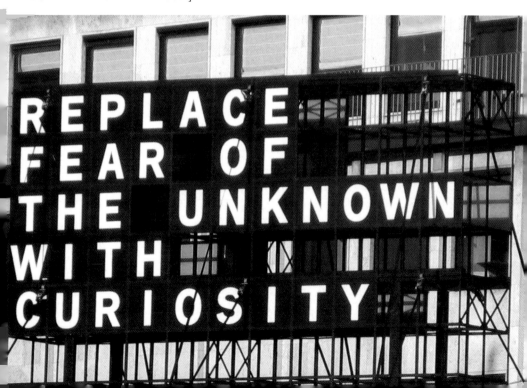

precisam sair à procura das suas refeições. Existe um limite, contudo, para o número de horas por dia que podem passar procurando, caçando, mastigando e comendo antes de sua saúde começar a se deteriorar,[8] já que também precisam dormir, cuidar dos filhotes e se manter longe dos predadores. Esse limite não costuma ser maior que 8 ou 9 horas. Isso significa que, em média, qualquer animal, inclusive os primatas, não pode esperar extrair mais do que determinada quantidade de energia por dia da alimentação. A partir de extensas observações de várias espécies selvagens, os pesquisadores concluíram que, para os primatas, o consumo diário depende da massa do animal — uma espécie dez vezes mais pesada do que outra pode acumular e comer (ao longo do período diário reservado à obtenção de alimentos) cerca de 3,4 vezes mais calorias do que espécies menores.

Ao mesmo tempo que procuram energia, no entanto, essas várias espécies também gastam energia para o funcionamento do seu corpo e dos neurônios do seu cérebro. E é aí que surge o limite. Em primeiro lugar, a taxa do consumo de energia física (corporal) é uma função mais pronunciada do peso do corpo do que a taxa da obtenção de energia pela procura. Em termos quantitativos, o custo metabólico do corpo de uma espécie dez vezes maior é cerca de 5,6 vezes mais elevado (se comparado à obtenção de apenas 3,4 vezes mais energia pelo mesmo tempo dedicado à procura de comida). Isso, por si só, limita o tamanho do corpo de um primata que passa o máximo possível de tempo em busca de alimento. Herculano-Houzel e seus colegas calcularam que o peso máximo é de cerca de 120 kg — mais ou menos o peso de um gorila adulto que não é um macho alfa (ou líder do bando).

A situação fica ainda mais intrigante quando acrescentamos à mistura o custo calórico adicional de grandes números de neurônios no cérebro. Na verdade, fica imediatamente claro que, mesmo que os primatas passem o máximo de tempo permitido pela sua fisiologia procurando comida (8 ou 9 horas), eles não serão capazes de comportar tanto um corpo grande quanto um número grande de neurônios. Como Herculano-Houzel coloca, "Ou um cérebro, ou músculos".[9] Um deles custa o outro. Para sermos mais específicos, os pesquisadores estimam que, mesmo que os primatas que vivem na natureza passassem 8 horas se alimentando todos os dias, o número máximo de neurônios que conseguiriam alimentar seria de aproximadamente 53 bilhões (um número ainda muito menor do que os 86 bilhões dos seres humanos). O preço desse número, entretanto, seria que a massa do corpo não passaria de cerca de 25 kg! Trocando capacidade cerebral por peso corporal (se a evolução tivesse permitido escolhas desse tipo), um primata pesando 75 kg poderia ostentar meros 30 bilhões de neurônios — por volta de um terço do número de neurônios do cérebro humano (a Figura 16 do encarte exibe a massa cerebral e o número total de neurônios para algumas espécies de mamíferos). Esse parece ter sido aproximadamente o número de neurônios do último ancestral comum do chimpanzé dos dias atuais e dos humanos, que viveu há cerca de 6 milhões de anos. Depois disso, a partir de aproximadamente 4,5 milhões de anos, observou-se um aumento enorme no número de fósseis dos hominínis. Um dos fósseis descobertos ficou especialmente famoso: o esqueleto fóssil de uma fêmea quase humana datado em 3,2 milhões de anos de idade (a Figura 17 do encarte exibe um molde do Muséum National d'Histoire Naturelle, Paris), demonstrando a divergência clara entre os ancestrais humanos e a linhagem que levou aos chimpanzés e bonobos.

O paleoantropólogo Donald Johanson descobriu esse esqueleto, conhecido como "Lucy", em Hadar, no norte da Etiópia, em 24 de novembro de 1974.[10] O nome, aliás, foi sugerido pela integrante da expedição Pamela Alderman, inspirada pela música dos Beatles "Lucy in the Sky with Diamonds". Acredita-se que o esqueleto de Lucy, bem como um conjunto de restos espalhados de pelo menos treze outras descobertas individuais feitas em Hadar em 1975 e um osso encontrado em 2011 representem membros da espécie hominídea *Australopithecus afarensis*. A partir da estrutura do pé, do joelho e da coluna, os paleontólogos concluíram que Lucy tinha mais ou menos 1 m de altura e andava ereta na maior parte do tempo. No que diz respeito à dieta, ela era uma vegetariana que, como os chimpanzés modernos, comia principalmente frutas.

Se a clara separação do gênero do *Australopithecus* (que significa "macaco do sul") de Lucy dos ancestrais de alguns dos hominídeos modernos não surpreendeu o bastante, o que veio mais tarde foi absolutamente fantástico: o cérebro da espécie hominini que levou aos humanos modernos quase triplicou de tamanho no último 1,5 milhão de anos!

A princípio, a taxa de crescimento foi relativamente modesta. A partir do momento em que Lucy e seus parentes se tornaram bípedes eretos habituais, eles passaram a ser capazes de cobrir longas distâncias, ganhando acesso a uma variedade maior de ambientes, já que o consumo calórico necessário para andar sobre dois pés é quase quatro vezes menor do que o de andar sobre as pernas traseiras e sobre as articulações dos dedos. Essa redução no custo energético, associada ao acesso a uma variedade bem maior de alimentos por meio da coleta, provavelmente permitiu um aumento moderado no número de neurônios de uma espécie posterior conhecida como *Homo habilis* (o "homem habilidoso") há cerca de 2 milhões de anos. O cérebro do *Homo habilis* já era maior do que os de todos os gorilas modernos.

O aumento no número de neurônio e na capacidade cerebral começou a realmente ganhar velocidade há menos de 2 milhões de anos. É tentador especular se o aumento estupendo da capacidade cerebral se deu de forma simultânea ao aumento da curiosidade humana. A curiosidade provavelmente foi o que levou o *Homo habilis* à invenção das primeiras ferramentas — pedras com as extremidades afiadas, o que era obtido batendo-se uma pedra contra outra. Depois que essas ferramentas passaram a ser produzidas, a curiosidade mais uma vez ajudou o *Homo habilis* a reconhecê-las como uma solução para dois problemas que Lucy e seus parentes não haviam conseguido resolver: separar a carne dos ossos, cortá-la em pedaços mais fáceis de digerir e extrair o tutano das carcaças. Como indicam tanto seus próprios dentes quanto os restos fósseis de suas refeições, os membros da espécie *Homo habilis* tiveram um consumo calórico muito mais rico ao abandonar o vegetarianismo exclusivo e incorporar a carne como um componente regular da sua dieta.

Seu próximo grande passo no caminho até os humanos modernos data de cerca de 1,8 milhão de anos, com a espécie conhecida como *Homo erectus*.[11] Os membros dessa espécie de pernas compridas e pés curtos provavelmente eram excelentes corredores de resistência — característica que deve tê-los ajudado a caçar animais vivos (embora a princípio pequenos) em vez de simplesmente dissecar cadáveres.

Todas essas novas características incrementadas contribuíram, sem dúvida, para o aumento gradual do número de neurônios nos cérebros da espécie *Homo*. A pressão da seleção natural provavelmente também teve importância, já que a organização e a execução de expedições de caça devem ter requerido capacidades cognitivas aprimoradas se comparadas às necessárias para arrancar raízes de plantas. Porém, a pergunta central continua sem resposta: o que permitiu que o cérebro do hominini mais do que dobrasse de tamanho entre o *Homo erectus* e o *Homo sapiens*? Essa mudança fenomenal ocorreu em menos de 1 milhão de anos.[12] Como veremos, pode ter ocorrido graças a algo em que hoje nem sequer pensamos.

Alimento para o pensamento?

As limitações energéticas impostas sobre o número de neurônios que o organismo humano era capaz de comportar eram muito reais. Para contornar essas limitações, os membros da espécie *Homo erectus*, e mais ainda os da mais arcaica *Homo hidelbergensis*, precisaram encontrar uma maneira de ampliar significativamente a efetividade do seu consumo calórico. Felizmente para nossos ancestrais e nós, uma das melhores formas de fazer isso é pelo cozimento. Além de um sabor aprimorado (a não ser que o cozinheiro seja absolutamente terrível), o cozimento permite uma digestão muito mais eficiente, pois quebra o alimento em escalas bem menores, tanto no nível macroscópico (com os alimentos agora sendo triturados e amassados), quanto no nível molecular (pelo aquecimento), assim o expondo a enzimas no sistema digestivo. O cozimento gelatiniza a matriz de colágeno na carne animal e a desnaturação das moléculas complexas das plantas. Além disso, o advento do cozimento acrescentou uma série de alimentos ao cardápio dos seres humanos (por exemplo, cereais e arroz) que antes não podiam ser digeridos.

Em seu livro de 2009, *Pegando fogo*, o primatologista de Harvard Richard Wrangham especulou que a introdução da carne cozida na dieta do *Homo* influenciou diretamente a evolução do cérebro humano.[13] Ao examinar as rígidas restrições energéticas ao número de neurônios, e não apenas ao tamanho do cérebro, Herculano-Houzel transformou esse palpite, de acordo com o qual devemos agradecer ao cozimento pelo número maior de neurônios dos nossos cérebros, em uma hipótese ainda mais plausível.[14]

O que acho especialmente fascinante é que, se a sugestão de Wrangham e Herculano-Houzel estiver correta, *então a curiosidade pode ter ocorrido no rápido aumento do número de neurônios* por conta de um mecanismo de amplificação do feedback positivo.

Eis como esse cenário pode ter se desenrolado. A curiosidade, sem dúvida, está por trás do fato de os membros da espécie *Homo* (provavelmente o *Homo erectus*) terem descoberto que o fogo podia ser útil e em algum ponto terem começado a usá-lo como parte do seu modo de vida. O fogo foi essencial para mais do que o cozimento; ele forneceu calor e luz, e permitiu que os humanos migrassem para áreas de maior latitude. A primeira evidência do que parece ter sido o uso controlado do fogo data de cerca de 1,6 milhão de anos, e vem de dois lugares no Quênia, Koobi Fora e Chesowanja.[15] Ossos e plantas queimados de cerca de 1 milhão de anos também foram encontrados na caverna Wonderwerk, perto da extremidade do deserto do Kalahari, na África do Sul. Ao mesmo tempo, pedras e madeira queimadas num padrão que lembra uma lareira em Israel datam de por volta de 790 mil anos.[16] O uso habitual do fogo provavelmente veio depois; sinais claros foram encontrados na caverna de Tabun, em Israel, datando de 350 mil anos, com descobertas semelhantes em Schöningen, Alemanha. No verão de 2016, arqueólogos descobriram evidências do consumo de carne cozida na caverna de Qesem, Israel, um sítio arqueológico com cerca de 400 mil anos de idade. A curiosidade provavelmente também teve seu papel na descoberta de que o cozimento pode deixar a comida crua mais macia, torná-la mais fácil de digerir e dar a ela um sabor melhor. Evidências do formato do crânio datadas desse período mostram que os músculos faciais usados para a mastigação, bem como os dentes, haviam diminuído. Isso não surpreende, já que o cozimento deve ter reduzido o tempo gasto na mastigação de cerca de cinco horas por dia para apenas uma. A evolução também levou a órgãos gastrointestinais menores em virtude da melhora na dieta, com isso economizando uma cara energia digestiva — basicamente trocando intestino por cérebro.

Todas essas mudanças permitiram à linhagem *Homo* superar os limites energéticos impostos ao número de neurônios, produzindo um cérebro com o dobro do tamanho. Ao mesmo tempo, provavelmente foi o imenso aumento do número dos neurônios no córtex cerebral (e o aumento menos dramático, mas ainda impressionante, do número dos neurônios no corpo estriado) que levou a curiosidade humana ao ponto em que os homens obtiveram uma vantagem qualitativa sobre outros primatas. Talvez os indivíduos *Homo* ainda não tivessem a *habilidade* de começar a fazer as perguntas *como* e *por quê*, mas a capacidade já estava começando a se desenvolver. Assim que essas perguntas cruciais e seminais surgiram (talvez logo após a origem da linguagem humana, como descreverei rapidamente na próxima seção), não houve como parar os humanos na sua habilidade de descobrir e criar ainda mais recursos alimentares, de estabelecer comunidades, e, eventualmente, criar o conceito de cultura. Tudo teve uma ampliação exponencial. O cérebro rico em neurônios, com sua nova curiosidade dilatada, desenvolveu-se em um cérebro ainda maior, mais intelectualmente flexível e mais rico.

Devo observar que nem todos os pesquisadores concordam com a especulação de que o cozimento teve um papel dominante no desenvolvimento do cérebro do *Homo erectus* ou de espécies posteriores.[17] O neurobiólogo John Allman, do Caltech, e o paleoantropólogo C. Loring

Brace, da Universidade de Michigan, por exemplo, acham que o cozimento só teve importância nos últimos 500 mil anos ou menos (hipótese suportada pelas evidências arqueológicas do uso habitual do fogo). A paleoantropóloga Leslie Aiello, da Fundação Wenner-Gren, em Nova York, observa que não há dúvida de que vários fatores convergentes reforçaram uns aos outros através de um loop de feedback. É possível que esses fatores tenham incluído uma dieta rica em carnes, um intestino menor, o cozimento e o caminhar ereto. A ordem precisa em que essas adaptações que possibilitaram a economia da energia ocorreram ainda está sendo debatida. Entretanto, como eu disse, acredito que uma mudança *qualitativa* na natureza da curiosidade forneceu um ingrediente adicional crucial à prática do cozimento.

Algumas "revoluções da curiosidade"

Robin Dunbar, psicólogo evolucionário da Universidade de Oxford, começa seu livro *Human Evolution* dizendo: "A história da evolução humana nos fascinou como nenhuma outra: parecemos ter uma curiosidade insaciável a respeito de quem somos e de onde viemos."[18] Origens de fato sempre estimularam a curiosidade. Nós nos esforçamos para entender as origens da nossa espécie, da Terra e do universo.

O aumento dramático do número dotou o *Homo sapiens* de novas capacidades cognitivas. Em particular, permitiu novos mecanismos para o processamento de informações, para a aprendizagem e para a comunicação. No final das contas, o nosso novo aparato mental levou ao surgimento do que identificamos como a linguagem humana, única, provavelmente em algum momento entre 500 mil e 200 mil anos atrás.[19] As opiniões a respeito do surgimento da linguagem variam: uns acreditam que ela tenha entrado em cena através de um longo processo evolucionário semelhante ao darwiniano;[20] outros, que tenha sido uma súbita mutação que introduziu a faculdade da linguagem no cérebro humano numa transição em fases[21] (como a transformação da água em gelo). Embora fascinante, esse debate vai além do nosso foco aqui. Apenas a título de curiosidade, observemos que a Sociedade Linguística de Paris baniu a pesquisa da origem da linguagem em 1886 precisamente por ter considerado o problema impossível de ser resolvido com métodos científicos rigorosos. Essa proibição refletiu a realidade desafiadora do fato de que, ao contrário, digamos, do uso do fogo, é praticamente impossível rastrear o desenvolvimento da linguagem seguindo-se relíquias arqueológicas. Acho essa proibição de 1886 divertida, porque os pesquisadores ainda não conseguiram entrar em acordo sobre uma teoria para a origem da linguagem humana, aparentemente confirmando os temores da Sociedade Linguística.

Da perspectiva deste livro, o ponto importante é que parece muito provável que o surgimento da curiosidade única e da linguagem distinta dos humanos estejam fortemente correlacionados. Dunbar sugere que o propósito inicial da complexa linguagem vocal (ao contrário de meros sons) não tenha sido outro que não a fofoca![22] Isto é, em vez da simples transmissão de informações muito rudimentares, como "Uma alcateia está se aproximando", a linguagem era usada em grupos sociais maiores para narrativas descritivas, abordando assuntos para além dos eminentemente existenciais, mas ainda importantes para a sobrevivência. Como colocado pela psicóloga Elizabeth Spelke: "Podemos usá-la [a linguagem] para combinar qualquer coisa com qualquer coisa."[23] Embora não haja um consenso em relação à validade da teoria de Dunbar, ela aponta para uma íntima conexão em potencial entre a curiosidade — uma fonte crucial de fofoca — e a linguagem. Outras teorias sugerem que a linguagem pode ter se desenvolvido para a troca de diferentes tipos de conhecimento social (tais como contratos sociais simbólicos para a garantia da paternidade de uma criança). Essas teorias também contêm um importante componente da curiosidade. O influente linguista Noam Chomsky não vê a linguagem primariamente como um meio de comunicação. Ele argumenta que "a linguagem se desenvolveu e tem o intuito de ser antes de tudo um instrumento do pensamento". Nesse aspecto, é interessante notar que, em 2016, pesquisadores da Universidade da Califórnia, em Berkeley, conseguiram criar um "atlas do cérebro" que mostra como os significados de diferentes palavras estão distribuídos ao longo de diversas regiões do órgão.[24]

O antropólogo norte-americano Roy Rappaport,[25] a antropóloga britânica Camilla Power[26] e outros argumentam que a linguagem é apenas um aspecto de algo muito mais amplo: a cultura humana simbólica. Eles apontam que a linguagem só funciona com uma estrutura de fatos culturais preestabelecida. De acordo com essa teoria, o aparecimento da linguagem foi acompanhado por algumas práticas ritualísticas. Quando elas começaram? A primeira evidência em potencial para os costumes simbólicos é o uso de pigmentos vermelhos de ocre em lugares como a caverna Blombos, na África do Sul.[27] Essa "oficina" de processamento de ocre tem cerca de 100 mil anos. A coincidência cronológica entre os fósseis dos humanos modernos e artefatos simbólicos convenceu alguns arqueólogos (mas nem todos) de que a anatomia e o comportamento modernos podem ter se desenvolvido simultaneamente.

Mais uma vez, o fator crucial do nosso ponto de vantagem é o fato de que mitos, rituais e simbolismos socialmente compartilhados provavelmente foram as primeiras respostas sofisticadas a perguntas incômodas do tipo *por quê* e *como*, e, portanto, frutos da curiosidade. O mesmo se aplica à criação de metáforas, e, essencialmente, a todo o processo do pensamento abstrato (ou o "instrumento do pensamento" de Chomsky) que serviu de base para a origem de toda a cultura. A reação em cadeia que resultou do feedback positivo entre a curiosidade e a linguagem transformou o *Homo sapiens* em um intelecto poderoso, com autoconsciência e uma vida interior. A capacidade do pensamento criativo, consideravelmente estimulado pela curiosidade, combinada à aptidão para o compartilhamento do conhecimento acumulado e à articulação das inteligências, acabou levando a alguns desenvolvimentos espetaculares na história da humanidade. Um deles chamou-se Primeira Revolução Agrícola, a transição da caça e da coleta para uma dieta de alimentos cultivados produzidos pela agricultura dos assentamentos.[28] Essa transição demográfica do

Neolítico teve início há cerca de 12.500 anos e envolveu a domesticação de vários tipos de plantas e animais como cachorros, vacas e ovelhas. Outra revolução, ocorrida por volta de 12 mil anos mais tarde, foi a emergência de uma perspectiva dramaticamente nova sobre a natureza da ciência: a celebrada revolução científica que começou na Europa quase no fim do Renascimento e continuou até o final do século XVIII.[29]

O epítome da revolução científica foi a transição da cultura da certeza dogmática que dominou o pensamento durante a Idade Média para a cultura da curiosidade que colocou a observação e a exploração empíricas no primeiro patamar. Empiristas como John Locke e David Hume elevaram as evidências e as impressões oculares, e enciclopedistas como Denis Diderot tentaram reunir todo o conhecimento em textos coerentes. Os monumentais avanços observacionais e experimentais, bem como a avalanche de conceitos teóricos produzidos por indivíduos como Copérnico, Galileu, Descartes, Bacon, Newton, Vesalius, Harvey e outros, vieram do reconhecimento de que os seres humanos não sabiam tudo — de que tanto o microcosmo como o macrocosmo ainda precisavam ser minuciosamente explorados. Na verdade, todo esse progresso científico que testemunhamos hoje é uma extensão direta dessas ideias revolucionárias. Não é por coincidência que a NASA decidiu batizar o rover lançado para explorar a superfície marciana de *Curiosity* [Curiosidade].

O simples ato de listar os nomes de alguns dos pioneiros da revolução científica me levou ao próximo passo na minha humilde tentativa de entender a curiosidade. Como não posso entrevistar esses grandes pensadores do passado, decidi fazer breves entrevistas com pessoas da atualidade conhecidas como possuidoras de uma curiosidade incomum. As perguntas que mais me intrigavam eram: Como indivíduos excepcionalmente curiosos descrevem e explicam a sua própria curiosidade? Como eles escolheram o objeto de sua curiosidade?

8.

Mentes curiosas

EINSTEIN CERTA VEZ DISSE: "O IMPORTANTE É NÃO PARAR DE questionar. A curiosidade tem sua própria razão de ser. É impossível fugir ao assombro quando contemplamos os mistérios da eternidade, da vida, da estrutura maravilhosa da realidade. Basta tentarmos meramente contemplar um pouco desse mistério a cada dia."[1] Alguns parecem ter seguido o seu conselho ao pé da letra — entregando-se a uma curiosidade sem limites. Algumas dessas pessoas tornaram-se cientistas, escritores, engenheiros, professores ou artistas proeminentes. Mas a maioria dos humanos é curiosa, e com frequência não é em relação a questões transformadoras, mas sim aos mexericos do dia a dia. Na era da especialização extremamente específica, o polímata — uma pessoa com ampla gama de conhecimentos e interesses — tornou-se uma espécie ameaçada de extinção. Não obstante, ainda existem indivíduos com uma paixão intensa pela exploração e pela investigação. Uma pessoa que se destaca pela sua curiosidade, mesmo entre cientistas ilustres, é o físico Freeman Dyson.[2]

Dyson foi o responsável pela unificação de diferentes versões da teoria quântica do eletromagnetismo e da luz, conhecida como eletrodinâmica ou EDQ (uma dessas versões, por acaso, foi criada por Richard Feynman). Depois desse feito notável, a Universidade Cornell tornou Dyson professor catedrático sem dar importância ao fato de que ele nem ao menos tinha um PhD. Por mais importante que a EDQ seja, contudo, a teoria está longe de sequer começar a cobrir toda a gama das realizações de Dyson.

Durante sua longa carreira, ele trabalhou em uma variedade incrível de tópicos, inclusive matemática, reatores nucleares que produzem isótopos médicos para hospitais, as propriedades magnéticas da matéria, as propriedades físicas do estado sólido, espaçonaves alimentadas por bombas nucleares, astrofísica, biologia e teologia natural. Também contribui regularmente com ensaios para a *New York Review of Books* e escreveu uma história de ficção científica aos 9 anos de idade.

Ao longo dos anos, encontrei Dyson em inúmeras ocasiões e sempre gostei das nossas conversas estimulantes. No verão de 2014, finalmente lhe perguntei sobre sua curiosidade excepcional.[3] Aos 90 anos, ele continuava tão sagaz como sempre.

Comecei pelo óbvio: "Você sempre foi curioso?"

"Quando eu era criança, estava sempre fazendo perguntas", respondeu Dyson, "mas não achava que havia nada de incomum nisso". É claro que ele estava se subestimando. No ensino médio, ele já havia começado a pensar em problemas que mais tarde levariam a contribuições interessantes para o ramo matemático da teoria dos números.

"E durante a vida adulta você tinha mais interesse por determinadas coisas do que por outras?"

Ele pensou por alguns segundos e respondeu: "Eu me interessava principalmente por questões em que meus amigos estavam trabalhando. Eu conversava com outras pessoas e ficava intrigado com o que estavam fazendo. Por exemplo, conversei com Leslie Orgel [famoso químico britânico] sobre as origens da vida, então comecei a trabalhar nisso."

"Mas a sua curiosidade seguia algum padrão?"

Dyson voltou a refletir, em seguida explicando: "Eu definitivamente me sentia mais interessado por detalhes do que pelo quadro geral — mais interessado pelos animais do que pelo zoológico. Na sua área, por exemplo [referindo-se à astronomia e à astrofísica], trabalhei mais na astronomia [o estudo de objetos astrofísicos em particular] do que na cosmologia [o estudo do universo como um todo]."

"E como você decidia quando adotar um novo tópico e iniciar uma nova exploração?"

Dyson riu. "Tenho um limiar de atenção muito curto. Costumo desistir após duas ou três semanas. Ou eu resolvo o problema, ou o abandono completamente."

Uau!, pensei comigo mesmo. *Exatamente como Leonardo.*

Como se tivesse lido os meus pensamentos, Dyson continuou dizendo: "Sempre pensei que ser um cientista lhe dá a 'licença' para trabalhar em *qualquer* problema científico. Você precisa ter determinação para abandonar interesses 'normais' a fim de se dedicar a outra coisa."

Dei continuação à minha linha de pensamento e pensei: *e também como Feynman.* Por fim, perguntei a Dyson se ele havia percebido qualquer correlação clara entre a curiosidade e outros traços da personalidade. Ele respondeu que não havia identificado nenhuma. Suspeito que alguns de seus colegas cientistas discordem desta última observação, ao menos em se tratando do próprio Dyson. O neurologista e escritor Oliver Sacks (que, infelizmente, faleceu enquanto eu estava trabalhando neste livro) descreveu Dyson como "subversivo" em sua criatividade científica: "Ele acha que é muito importante não apenas ser heterodoxo, mas ser subversivo, e fez isso durante toda a sua vida." De fato, o próprio Dyson escreveu em sua antologia de ensaios de 2006, *The Scientist as Rebel*: "Deveríamos tentar apresentar nossos filhos à ciência hoje como uma rebelião contra a pobreza, a feiura, o militarismo e a injustiça econômica."[4]

* * *

A segunda pessoa extraordinariamente curiosa com quem conversei foi o astronauta e polímata Story Musgrave.[5] Conheci Musgrave em 1993, quando uma equipe de astronautas estava se preparando para a primeira missão de manutenção do Telescópio Espacial Hubble. Na época, eu estava trabalhando com o Hubble como astrofísico.

Como o leitor deve se lembrar, pouco depois do lançamento do telescópio, a NASA descobriu, para sua grande decepção, que o principal espelho do Hubble havia sido perfeitamente polido, mas dentro das especificações erradas — uma inadequação conhecida como "aberração esférica". A borda exterior do espelho era plana demais. A diferença não era grande (aproximadamente 1/50 do fio de cabelo mais grosso de um ser humano), mas isso foi o bastante para deixar as imagens muito turvas. A comunidade astronômica encontrava-se em estado de choque, e a mídia ficou feliz ao perceber o fato de que *Hubble* rima com *trouble* [problema]. Cientistas e engenheiros passaram a trabalhar 24 horas para desenvolver um plano capaz de restaurar o Hubble ao desempenho esperado. No final das contas, os pesquisadores traçaram um esquema ambicioso para corrigir a visibilidade embaçada do telescópio.

Era o trabalho de um time de sete astronautas em um ônibus espacial fazer o acoplamento com o telescópio e, no curso de cinco atividades extraveiculares incríveis, instalar "óculos" no interior do Hubble — uma correção ótica e uma nova câmera internamente ajustada. Story Musgrave executou três dessas atividades extraveiculares de tirar o fôlego. Isso teria sido o suficiente para a maioria das pessoas na categoria da exploração pessoal, mas não para Musgrave. Ele também cursou um bacharelado em Ciência nos campos da matemática e da estatística, obteve um MBA em Pesquisa Operacional e Programação de Computadores, um bacharelado em Química, fez Medicina (trabalhava meio período como médico na emergência e na ala de traumas), um mestrado em fisiologia/biofísica, e, para equilibrar as coisas, também um mestrado em literatura. Ah, e ele também é um piloto de caça, tem interesse por fotografia e desenho industrial, além de ser pai de sete filhos.

Conversei com Musgrave outra vez em agosto de 2014[6] e lhe fiz a pergunta óbvia: "Por que você estudou para obter tantos diplomas?" Musgrave não hesitou: "Minha curiosidade está relacionada a certa inquietação por eu não estar completamente satisfeito com as coisas do jeito que são. Então, sempre achei que precisava fazer alguma coisa. Sempre tive essa energia para explorar cada vez mais."

"Ok, mas como você escolheu esses tópicos em particular?"

"Uma coisa levou naturalmente à outra. Comecei com ferramentas matemáticas e estatísticas para poder prever os valores das variáveis que iriam me dar os resultados desejáveis ao lidar com sistemas complexos."

Ele fez uma pausa. "Os computadores estavam começando a aparecer, então, a partir da matemática, gravitei facilmente em direção à programação e à pesquisa operacional. Depois de ter visto como os computadores operavam, fiquei curioso em relação ao funcionamento do cérebro. Isso me levou a estudar química, biofísica e ingressar na faculdade de Medicina. Depois de ter adquirido algum conhecimento sobre o corpo humano e suas limitações, a estrada para o programa espacial estava pronta."

Precisei admitir que, com essa explicação, tudo fez sentido. Não obstante, a maioria de nós não persegue interesses com tanto vigor e persistência.

Musgrave prosseguiu: "Todos os tópicos que estudei estavam ligados ou relacionados." Então, após mais uma breve pausa, acrescentou: "Toda criança de 2 a 3 anos de idade é curiosa. A questão na verdade é o que acontece quando saímos dessa fase. Parece que, em muitos casos, a adolescência destrói a curiosidade."

Já ouvi esse comentário de muitas pessoas. Entretanto, a impressão que tive a partir da pesquisa psicológica propriamente dita foi que são só os aspectos perceptivos (e talvez gerais) da curiosidade (a busca por novidades, em particular) que sofrem um declínio durante a transição para a vida adulta. A curiosidade específica e epistemológica — a sede por conhecimento — aparentemente segue constante por grande parte da vida adulta.

* * *

Antes da minha conversa com Musgrave, tive uma rápida troca de e--mails com outro polímata conhecido, Noam Chomsky.[7] Chomsky é linguista, cientista da cognição, filósofo, comentarista político e ativista que escreveu mais de cem livros.[8] Ele é um dos estudiosos mais citados do século XX, e seu trabalho foi extremamente influente em diversas áreas — linguística, psicologia, inteligência artificial, lógica, ciências políticas e teoria musical.

"Tópico interessante", Chomsky me escreveu quando eu lhe disse que estava escrevendo sobre a curiosidade.[9] Quando lhe perguntei sobre os tipos de questões que o deixavam curioso, ele respondeu com perspicácia: "Acho que, para ilustrar, estou curioso em relação ao seu interesse pela curiosidade."

Não desisti e mandei outro e-mail: "O que o atraiu nos tópicos pelos quais você tem um interesse em particular?"

Ele prontamente me enviou uma resposta que achei fascinante: "O reconhecimento de que a linguagem é a capacidade humana mais distinta, e o núcleo da nossa natureza mental, e que cada aspecto dela representa grandes mistérios." Tive de concordar. Mesmo a extremamente breve descrição da evolução/revolução da linguagem que apresentei no capítulo 7 destaca o seu papel indispensável no surgimento dos humanos modernos como uma espécie dotada de habilidades únicas.

Outra coisa me ocorreu enquanto eu lia a mensagem de Chomsky: se eu substituísse a palavra *linguagem* na resposta dele pela expressão *capacidade de perguntar "Por quê?"*, ela descreveria perfeitamente por que estou interessado na curiosidade.

Talvez você lembre que, nas experiências com a neuroimagiologia, quando os participantes recebiam as respostas corretas para perguntas sobre conhecimentos gerais, seu giro frontal inferior (GFI) acendia. Além de outros componentes, o GFI nos humanos contém a área de Broca, uma região importante para o processamento e a compreensão da linguagem. Ademais, Stanislas Dehaene e seus colegas identificaram o GFI como a área no cérebro que permite que os humanos analisem informações abstratas.[10] A linguagem, a curiosidade epistêmica e o processamento de conceitos abstratos sem dúvidas são a essência do que Chomsky chama de "núcleo da nossa natureza mental".

* * *

A próxima pessoa curiosa com quem conversei teve uma carreira muito incomum. Apesar de no ensino médio Fabiola Gianotti[11] se concentrar principalmente em literatura e música, e de a primeira graduação que ela obteve ter sido em música (como pianista), ela acabou liderando uma equipe de cerca de 3 mil físicos que em 2012 descobriu o que foi chamado de "partícula de Deus"[12] — o bóson de Higgs. No dia 1º de janeiro de 2016, ela se tornou diretora-geral da Organização Europeia Para a Pesquisa Nuclear (CERN), que opera o maior acelerador de partículas do mundo, o Grande Colisor de Hádrons, perto de Genebra, na Suíça.

"Por que você decidiu trocar as ciências humanas pela física?", perguntei a Gianotti.

"Sempre fui uma criança curiosa", respondeu ela, "sempre tive muitas perguntas. Em determinado momento, decidi que a física iria me permitir tentar *responder* a algumas dessas perguntas".

"Mas deve ter sido difícil, já que você não tinha a base necessária, certo?"

"É verdade", admitiu ela. "Na universidade, a princípio, precisei me ajustar de uma educação em ciências humanas para desenvolver a capacidade de compreender e analisar os problemas que a física propunha."

"Mas você conservou o amor pela música?"

"Absolutamente. A música é fundamental para mim. Ouço música o tempo todo. Agora, tenho menos tempo para tocar, mas ainda toco de vez em quando."

"Você tem alguma outra paixão além da física e da música?"

Ela riu. "Cozinhar! Vejo muitas semelhanças entre a física e a música, e a física e a culinária. Em primeiro lugar, a elegância é um tema comum nas teorias físicas, na música, e até no balé, com que eu sonhava quando menina."

"Concordo plenamente", eu disse.

"Então, tanto na culinária quanto na física", continuou Ginotti, "você precisa de algumas regras ou leis, mas também de criatividade". Infelizmente, eu não posso comentar sobre isso, já que praticamente nunca cozinhei. Não obstante, lembrei a mim mesmo que a culinária deve ter tido um papel importante para que os humanos tivessem um grande número de neurônios no seu córtex cerebral.

Havia outra pergunta que eu achava que precisava fazer, já que estava relacionada à natureza muito arriscada da curiosidade como estímulo para a pesquisa básica. A descoberta da partícula de Higgs marcou um sucesso incrível para Gianotti e sua equipe; a busca por essa esquiva partícula durou cerca de quatro décadas. Todavia, há uma grande possibilidade de o Grande Colisor de Hádrons (Figura 18 do encarte) não descobrir nenhuma outra partícula nova. Considerando o custo multimilionário das instalações, isso pode se transformar em um considerável desafio de relações públicas para a nova diretora-geral. "E se vocês não encontrarem mais nada?", perguntei.

"Na pesquisa básica, há surpresas", respondeu ela. "Às vezes, quando encontramos alguma coisa; às vezes, quando nada encontramos. Faz parte do jogo." Em seguida, ela acrescentou: "Resultados negativos também são importantes, pois ajudam a eliminar certas teorias e a limitar outras."

"Ainda assim, seria um pouco decepcionante", observei com cuidado.

Ela concordou. "Ainda precisaríamos combinar todas as possíveis abordagens, dos aceleradores, das buscas experimentais pelas partículas que constituem a matéria escura [matéria que não emite luz, cuja existência é inferida a partir de observações astronômicas que detectam a sua influência gravitacional] e da astrofísica." Intrigantemente, cerca de três meses depois da minha conversa com Gianotti, duas experiências no Grande Colisor de Hádrons apontaram para pistas da existência em potencial de uma nova partícula, mais ou menos oitocentas vezes mais pesada do que o próton. Infelizmente, com o acúmulo de mais dados, no verão de 2016, essas pistas acabaram se revelando nada mais do que fugaz acaso estatístico.

Hesitei em abordar mais um tópico polêmico — o *multiverso*. O valor relativamente baixo descoberto para a massa do bóson de Higgs e a possibilidade de o Grande Colisor de Hádrons não descobrir nenhuma nova partícula adicional fortaleceram o ponto de vista especulativo de que o nosso universo é não mais que um membro de um grande grupo de universos. De acordo com esse cenário, não deveríamos nos surpreender com nenhum valor para a massa da partícula de Higgs, já que, no multiverso, até valores antes considerados improváveis podem estar representados em alguns membros do grupo. Após certa hesitação, perguntei: "O que você acha da ideia do multiverso?"

"Psicologicamente, acho que contar com o multiverso como uma explicação é meio que desistir", respondeu Gianotti. "Como uma física experimental, eu gostaria de continuar explorando todas as possibilidades."

Eu estava pensando comigo mesmo que as experiências psicológicas de Jacqueline Gottlieb (descritas no capítulo 5) demonstraram que essa era a atitude da maioria das pessoas curiosas — explorar todas as opções. Consequentemente, senti-me compelido a perguntar: "Você continua tão curiosa hoje quanto quando era criança?"

Gianotti não hesitou: "Se alguma coisa mudou, estou até mais curiosa. Sou estimulada pela curiosidade e pelo prazer de aprender. Nada me deixa mais feliz do que entender algo que eu não entendia antes." Essas foram quase precisamente as palavras usadas por Gottlieb, que disse: "A minha maior alegria é quando aprendo algo novo."

"Você identifica quaisquer outras características comuns em pessoas muito curiosas?"

"Sim", disse ela, "a capacidade de pensar além do que é conhecido, além do que é aceito, além do que é considerado estabelecido".

"Você acha que isso também se aplica a artistas curiosos?"

"Absolutamente. Artistas curiosos exploram novos caminhos. Eles veem a realidade com olhos diferentes. Também vão além do que enxergamos superficialmente."

"Quais são os seus artistas favoritos?"

"Na música, o meu favorito é Schubert, porque eu o vejo como o mais romântico de todos os compositores do período clássico e o mais clássico dos compositores do período romântico. Nas artes visuais, gosto particularmente dos artistas da Renascença italiana."

Por acaso, eu sabia que o irmão de Gianotti, Claudio, certa vez foi citado como tendo dito que Fabiola "nunca deixava nada pela metade". Assim, não consegui resistir e fiz a seguinte última observação, meio que em tom de brincadeira: "Apesar de ser extraordinariamente curiosa, como Leonardo era, você gosta de concluir seus projetos."

Ela riu. "Não vou nem começar a me comparar com Leonardo. Eu realmente não gosto de deixar nada inacabado. Mesmo quando leio um livro que não acho muito interessante, ainda assim leio até o fim."

* * *

Depois de Gianotti, conversei com alguém que conheço e admiro desde o início da minha carreira profissional, a começar pela minha época na faculdade. Martin Rees[13] é um cosmologista mundialmente renomado, físico e um dos ganhadores (entre outros prêmios) do Prêmio Crafoord de Astronomia. Ele é astrônomo real do Reino Unido desde 1995, foi mestre da Trinity College, em Cambridge (de 2004 a 2012), presidente da Real Sociedade (entre 2005 e 2010), e em 2005 se tornou barão de Ludlow. É um dos pouquíssimos astrofísicos que sabem quase tudo que há para saber em astrofísica e cosmologia.

Além das suas muitas conquistas em astrofísica, Rees escreveu ostensivamente sobre os desafios e riscos que a humanidade está enfrentando no século XXI,[14] bem como sobre os aspectos social, ético e político da ciência. Como parte da sua atividade, ele foi um dos fundadores do Centro Para o Estudo do Risco Existencial, um instituto de pesquisa na Universidade de Cambridge que estuda ameaças em potencial (a maioria advinda da tecnologia) à existência da humanidade.

Dei início à nossa conversa com a pergunta habitual: "Você era excepcionalmente curioso na infância?"

Rees pensou por alguns segundos. "Não sei ao certo", ele começou. "Eu me lembro de ter ficado intrigado com vários fenômenos. Por exemplo, nós costumávamos passar as férias no norte do País de Gales, e eu ficava interessado nas marés. Tentei entender por que elas variavam de acordo com o período e o lugar." Após uma breve pausa, ele se lembrou de outro fato que o deixara perplexo: "Por que as folhas de chá se aglomeravam no centro e no fundo da xícara quando o chá era mexido." (Esse fenômeno às vezes é chamado de "paradoxo da folha de chá".) Como a entrevista foi ao mesmo tempo uma conversa informal entre dois colegas cientistas, não resistimos à tentação de seguir o último comentário de Rees com uma breve discussão sobre a hidrodinâmica, a camada de Ekman e alguns outros conceitos da física. Rees finalmente retornou à pergunta original: "Eu também sempre me senti atraído pelos números."

Passei para a minha segunda pergunta: "Quando e por que você decidiu se dedicar à astrofísica?"

"Foi uma decisão que demorou um pouco", lembrou Rees. "Nos últimos dois anos do ensino médio, eu me especializei em matemática e física." Rindo, ele acrescentou: "Basicamente porque não era muito bom em línguas." Continuou ainda: "Estudei matemática em Cambridge, mas decidi que não havia nascido para ser um matemático. Pensei em fazer Economia, então estudei um pouco de estatística, mas no quarto ano fiz alguns cursos de física teórica, e foi aí que decidi cursar física. O que me ajudou foi o fato de eu ter tido o professor Dennis Sciama como meu orientador, e ele — que, por acaso, também fora o orientador de Stephen Hawking — foi um grande treinador. Ele criou um 'zumbido' que me carregou. Consequentemente, após um ano, cheguei à conclusão de que faria Astrofísica."

Concordei, de todo o coração, com a avaliação que Rees fez de Sciama, a quem tive a honra de conhecer pessoalmente. Sciama tinha um entusiasmo contagiante pela pesquisa, um conhecimento extremamente amplo e um faro excelente para tudo pelo que valia a pena ter curiosidade na cosmologia e na astrofísica. Também entendi a escolha de Rees pelo fato de, várias vezes, ter tido a impressão de que os estudantes inteligentes escolhiam quais disciplinas cursar mais com base na qualidade de seus professores do que nas suas características intrínsecas.

Fiz outra pergunta: "Nos últimos anos, você desenvolveu um interesse maior pelas mudanças climáticas e outras ameaças à humanidade. O que inspirou esses interesses?"

Rees já esperava pela pergunta e respondeu de imediato: "Por um longo tempo, tive algum interesse pela política, e passei a admirar indivíduos socialmente conscientes. Por consequência, fiquei curioso em relação a questões sociais. No meu livro *Hora final*, listei alguns riscos que eu identificava, e acredito que hoje sejam aceitos de uma forma geral. Além disso, quando cheguei aos 60 anos, estava tentando determinar o que deveria fazer na próxima década, para não acabar não fazendo nada. No final das contas", ele riu, "fui eleito para várias posições importantes [uma alusão à presidência da Real Sociedade e ao fato de ter se tornado um membro da nobreza], o que me deu a oportunidade de me envolver ainda mais do que planejara originalmente".

Decidi incluir mais uma direção dos interesses de Rees. "Ao contrário de alguns dos seus colegas cientistas, você exibe mais tolerância e curiosidade em relação à teologia e à religião. Poderia fazer uma breve descrição dos seus pontos de vista a respeito desses tópicos?"

"Sempre tive um interesse pela filosofia, e também tolerância em relação à religião. Não sou, particularmente, uma pessoa religiosa, mas aprecio os costumes culturais, históricos e religiosos, como ir à igreja aos domingos no cristianismo ou acender as velas do shabbat no judaísmo, e gostaria que eles fossem preservados. Também acho que as religiões predominantes podem ajudar na luta contra o fundamentalismo extremo."

Retornei às perguntas específicas sobre a curiosidade: "Partindo da sua experiência, você acha que algumas pessoas são muito mais curiosas do que outras, ou indivíduos diferentes estão simplesmente interessados em coisas diferentes?"

Rees pensou por alguns segundos. "Sem dúvidas, existem vários níveis de curiosidade, mas também é certamente verdade que pessoas diferentes estão interessadas em coisas diferentes", respondeu por fim. "Por exemplo, crianças com frequência têm interesse por dinossauros e pelo espaço sideral, então a ideia seria começar a partir desses tópicos, e não forçá-las a se interessar por outras coisas." Achei um excelente conselho — tentar seguir e encorajar a curiosidade que já está lá (ao menos a princípio), e não impor assuntos pouco atraentes.

Por acaso, eu sabia que Rees pertence a um grupo de futuristas que especulam que a inteligência artificial pode se tornar a espécie dominante em um futuro não muito distante, então achei que deveria perguntar sobre isso. "Você acha que máquinas 'inteligentes' podem ter curiosidade? Afinal de contas, é possível que não experimentem o mesmo tipo de pressões da seleção natural que a vida biológica precisou encarar ao longo da sua evolução."

Mais uma vez, Rees passou algum tempo pensando na pergunta e então respondeu: "A questão principal é se elas terão consciência e percepção de si mesmas, ou se serão mais como 'zumbis' [um termo usado para descrever máquinas que são indistinguíveis dos seres humanos, mas que não experimentam as coisas de forma consciente]. Se a consciência for uma propriedade emergente de sistemas complexos, então é possível que elas a tenham até num nível mais profundo do que o nosso."

"É verdade", concordei, "mas elas terão curiosidade?"

"Suponho que isso depende do quão ampla é a sua definição de curiosidade", disse Rees após mais um momento de reflexão. "Se um matemático com um interesse relativamente pequeno no mundo externo à matemática pode ser chamado de curioso, então as máquinas definitivamente podem ter isso."

Isso fez todo o sentido para mim. Concluí com a minha pergunta de rotina: "Você identifica características comuns entre pessoas que parecem muito curiosas?"

"Não sei ao certo", respondeu Rees, mas em seguida acrescentou: "Elas em geral são mais intelectualmente ativas do que as outras. Muitas conservam o bom humor intelectual das crianças — e continuam entusiasmadas."

Foi uma colocação interessante. Talvez as pessoas extremamente curiosas sejam capazes de manter a sua curiosidade perceptiva por mais tempo (a capacidade de constantemente se surpreender), enquanto essa qualidade tende a diminuir com a idade para as outras.

* * *

Se você achou que Gianotti teve uma carreira incomum, o que dizer do meu próximo entrevistado? Brian May[15] foi o famoso guitarrista principal com cabeleira de poodle da banda de rock Queen, e compositor de sucessos como "We Will Rock You", " I Want It All", "Who Wants To Live Forever" e "The Show Must Go On". Acredite ou não, ele também tem um PhD em Astrofísica da Imperial College London; ele foi reitor da Liverpool John Moores University de 2008 a 2013; é um colaborador da equipe científica da Missão New Horizons da NASA com destino a Plutão; é especialista e colecionador de fotografias estereoscópicas vitorianas,[16] uma técnica em que duas imagens planas são combinadas a um instrumento especial de visualização e produzem uma cena em 3D; além disso, é um ativista apaixonado na defesa do bem-estar dos animais. Não é de se surpreender que eu tenha pensado em conversar com ele: pouquíssimas pessoas hoje exibem uma gama tão ampla de interesses.

Eu sabia que, aos 16 anos, May havia projetado e construído sua famosa guitarra, a "Red Special", com a ajuda do pai. Eles usaram a madeira de um console de lareira de séculos de idade para fazer o braço. Minha primeira pergunta, portanto, foi: "Por que você decidiu construir uma guitarra em vez de comprar uma?"

May riu. "A resposta simples é que nós não tínhamos dinheiro. Foi na época do nascimento do rock 'n roll, e as guitarras norte-americanas conhecidas, e até suas contrapartes britânicas, estavam muito acima do meu poder de compra. Além disso, construir a guitarra foi um grande desafio. Meu pai tinha alguma experiência com eletrônica, carpintaria e metalurgia, então nos valemos muito disso e acreditávamos que podíamos construir algo melhor do que aquilo que existia."

Minha pergunta seguinte foi algo que era uma grande curiosidade minha: "Por que você se tornou músico depois de ter concluído seu bacharelado em física?"

May não hesitou: "Foi um chamado. Adorava a física e a astronomia, e meus pais fizeram gosto de eu ter estudado essas disciplinas, mas o chamado da música foi tão forte que não consegui resistir. Eu também temia que, se não lhe desse ouvidos, talvez jamais pudesse voltar."

"Por que, então, você decidiu retomar os estudos com um PhD em Astrofísica após décadas na música?" May renovou a matrícula no curso após um intervalo de 33 anos!

"Foi um acaso muito feliz", respondeu May. "Apesar de eu ter conservado o interesse pela astronomia, na verdade foi Sir Patrick Moore [um famoso astrônomo amador inglês e divulgador da ciência], 'pai' de muitos astrônomos da minha geração, que me perguntou por que não voltar. Eu não achava que seria possível, mas mencionei isso em uma entrevista e de repente recebi um telefonema de Michael Rowan-Robinson, diretor do grupo de astrofísica da Imperial College. Ele me disse que, se eu estivesse falando sério, poderia ser meu orientador." May voltou a rir. "Ser famoso de fato abre portas." Em seguida, continuou: "Não foi muito fácil. Você precisa recarregar as baterias de áreas do cérebro que passou muito tempo sem usar. Rowan-Robinson foi muito duro comigo, o que foi importante, pois tudo ganhou grande visibilidade."

Pensei comigo mesmo que recarregar as baterias de partes do cérebro que você não usa no dia a dia faz parte do que há por trás da curiosidade, o que me levou automaticamente à próxima pergunta: "Você vê alguma conexão entre os seus interesses pela música e pela astrofísica? Ou eles habitam mundos completamente diferentes?"

May não hesitou: "Acho que as minhas capacidades em cada área definitivamente foram ampliadas por causa da minha abertura à outra. Não acho que a ciência e a arte precisem ser separadas. De certa forma misteriosa, elas estão conectadas. Por exemplo, hoje conheço muitos cientistas, como Matt Taylor, o 'chefe' da Missão Rosetta [uma cápsula espacial lançada pela Agência Espacial Europeia para estudar o cometa 67P/Churyumov-Gerasimenko], que têm um grande interesse em música."

"Por que você aceitou se tornar reitor da Liverpool John Moores University?"

May riu. "Porque eu estava curioso. Eu não fazia ideia do que estaria envolvido, e decidi conferir. Também me perguntava se ser um reitor muda você. A resposta, aliás, é não! Não muda." Ele riu outra vez.

"E como você ficou interessado na estereografia vitoriana?"

"É uma paixão. Ela surgiu quando eu era criança e nunca passou. É como mágica."

"E o seu interesse particular pelas 'Diableries' [uma série de fotografias estereográficas que supostamente ilustram a vida no dia a dia do inferno]?"

"São obras de arte que demandaram um trabalho intenso", respondeu May. "Há tanto mistério e imaginação em cada obra. Mesmo com a tecnologia atual, é extremamente difícil reproduzir qualquer uma delas. Acabei de criar com Claudia Manzoni um retrato estereográfico do cometa 67P/Churyumov-Gerasimenko a partir de imagens capturadas pela Missão Rosetta, e também uma imagem em 3D de Plutão a partir de fotos capturadas pela New Horizons."

"Você tem mais alguma paixão?", perguntei.

A resposta de May foi rápida: "Duas coisas. Primeiro, os animais: a crueldade com que temos tratado os animais é terrível. Quero lutar pelos direitos deles de ter uma vida e uma morte decentes." Ele fez uma pequena pausa, e então continuou: "A segunda coisa que desperta um interesse infinito em mim são as relações humanas, e o amor em particular. O amor é uma das coisas mais poderosas das nossas vidas. Ele nos motiva, e na Antiguidade impérios inteiros aparentemente foram construídos e destruídos por causa dele. Não obstante, a ciência tem muito pouco a dizer sobre o amor. Só os grandes autores da ficção chegaram perto de descrevê-lo."

Concordei plenamente com a última afirmação, mas também pensei que coisas parecidas poderiam ser ditas sobre a curiosidade. Minha última pergunta foi sobre uma anedota engraçada que ouvi: "O astrofísico Martin Rees certa vez lhe disse que não conhece nenhum cientista tão parecido com Isaac Newton [especialmente por causa do cabelo, e talvez do nariz] quanto você. Isso já lhe ocorreu?"

May riu. "Não. Na verdade, minha primeira reação quando ele disse isso foi ficar um pouco irritado, pois pensei: 'Isso é tudo sobre o que ele quer conversar comigo?' Mas, depois, tivemos uma conversa maravilhosa sobre astrofísica."

No final, perguntei a May se ele queria me perguntar alguma coisa. Ele perguntou: "Nós estamos sós?"

Repassei para ele as buscas que logo teríamos por vida fora do Sistema Solar.[17] Também disse que existe esperança de que, em duas ou três décadas, encontremos alguns sinais de vida — anomalias na composição criadas pela vida — nas atmosferas de planetas que orbitam outras estrelas, ou ao menos sejamos capazes de estabelecer alguns limites significativos na probabilidade da existência (ou raridade) de vida fora do Sistema Solar. Para mim, o mais importante é que May continuava genuinamente curioso em relação às pesquisas astronômicas mais pioneiras.

Autodidatas

Apesar de seus interesses amplos e diversos, cada uma das pessoas que entrevistei até então — Freeman Dyson, Noam Chomsky, Story Musgrave, Fabiola Gianotti, Martin Rees e Brian May — é mais conhecida por contribuições em uma área em particular, aquela em que estudaram ou treinaram formalmente. Dyson é conhecido principalmente por suas realizações na física experimental; Chomsky, pelas ideias influentes na linguística; Musgrave, por ser um astronauta; Gianotti, pela descoberta da partícula de Higgs; Rees, pelas várias contribuições na astrofísica e na cosmologia; e May, por ser um músico virtuoso. A minha próxima entrevistada é conhecida antes de tudo pela sua inteligência.

Inteligência é uma palavra cheia de significado; é difícil defini-la e mais difícil ainda avaliá-la.[18] Todavia, de 1986 a 1989, Marilyn vos Savant[19] foi listada no *Livro Guinness dos recordes* como a pessoa com o "QI Mais Alto do Mundo" — elevadíssimos 228! Ainda que os valores precisos da classificação nos testes Stanford-Binet e Mega sejam notoriamente pouco confiáveis, ninguém jamais duvidou da sua inteligência incrível. Surpreendentemente, Vos Savant nunca concluiu um curso superior, tendo estudado filosofia durante apenas dois anos na Universidade de Washington, em St. Louis. Ainda assim, quando a *Parade Magazine* publicou um perfil dela, juntamente a uma seleção de respostas suas a perguntas dos leitores, a reação foi tão impressionante que a revista lhe ofereceu um emprego permanente. Em sua coluna semanal, "Ask Marilyn" [Pergunte a Marilyn], Vos Savant responde a uma grande variedade de perguntas sobre vocabulário e tópicos acadêmicos, apresentando e elucidando diversos desafios da lógica. Considerando o seu histórico incomum, pensei que seria interessante comparar o ponto de vista de Vos Savant a respeito da sua própria curiosidade aos de alguns dos outros entrevistados. Consequentemente, decidi me concentrar nas principais perguntas, começando por aquela que mais despertava a minha curiosidade: "Ao longo dos anos, quais foram os tópicos que mais despertaram a sua curiosidade? E por que você acha que esses tópicos em particular a deixaram curiosa?"

Estando ciente dos temas mais cobertos na sua coluna, eu esperava uma resposta relacionada à teoria da probabilidade ou à lógica matemática, mas Vos Savant me surpreendeu: "Há muito tempo que tenho curiosidade pela mente humana, pela natureza da consciência, pela dimensão da cognição e pelo enigma do infinito. Minha gata não sabe que não pode entender álgebra. O que nós não sabemos que não podemos entender, mas poderia ser facilmente entendido por uma mente de intelecto superior?"

Acho a resposta muito interessante por duas razões principais. Em primeiro lugar, inesperadamente, Vos Savant referiu-se a uma leve variante do famoso problema dos "desconhecidos desconhecidos" — aquelas coisas que não sabemos que não entendemos. Em segundo, a referência a uma "mente de intelecto superior" está relacionada a outro tópico que é uma das minhas paixões: a possibilidade de existirem outras civilizações inteligentes na nossa galáxia, a Via Láctea — e, caso existam, qual poderia ser a sua natureza. Por um lado, como a idade do Sistema Solar (4,5 bilhões de anos) é inferior à idade da galáxia, caso exista alguma outra civilização, ela poderia ser mais de 1 bilhão de anos mais avançada do que a nossa. Por outro, como ainda não há uma explicação convincente para o paradoxo de Fermi (a surpreendente falta de evidências da existência de tal civilização), é possível que existam alguns gargalos evolutivos que tornam a transição para a inteligência algo extremamente difícil.

A segunda pergunta que fiz a Vos Savant foi sobre o desenvolvimento da sua curiosidade pessoal: "Você sempre foi curiosa? Você identificou alguma mudança na sua curiosidade ao longo dos anos (durante a sua vida adulta)?"

A resposta dela foi muito honesta:

> Quando eu era jovem, sempre fui curiosa em relação aos objetos próximos e distantes — dos sapos ao planeta anão, Plutão. Esse tipo de curiosidade praticamente desapareceu, talvez porque perseguir esses interesses requereria uma mentalidade capaz de olhar através de microscópios e telescópios, o que descobri significar trabalhar com organizações científicas grandes (ou seja, financiadas). Posso fazer a primeira coisa, mas a minha personalidade não é capaz de fazer a última!
>
> Seja como for, hoje estou muito mais interessada na humanidade, especialmente em como vários aspectos das nossas vidas estão melhorando ao mesmo tempo que grandes civilizações parecem se encontrar em vários estados de degeneração. Fascinante! O que o futuro guarda?

Essa resposta me cativou, e talvez represente uma tendência comum associada ao acúmulo de experiências de vida. Parece que, ao longo dos anos, muitas pessoas deixam de ter interesse por uma variedade de "assuntos" para ter curiosidade em relação a questões filosóficas mais amplas. Mais uma vez, talvez isso reflita uma transição entre a curiosidade essencialmente perceptiva ou geral para um estado dominado principalmente pela curiosidade epistêmica. Como a crítica musical e romancista Marcia Davenport certa vez escreveu de forma bem-humorada, "Todos os grandes poetas morreram jovens. A ficção é a arte da meia-idade. E os ensaios são a arte da terceira idade."

Minha terceira pergunta para Vos Savant foi a mesma que fiz a alguns dos outros entrevistados: "Você identifica alguma característica comum entre indivíduos excepcionalmente curiosos?"

A resposta dela foi uma variação interessante do tema esboçado por Gianotti: "Percebi uma habilidade de ignorar o óbvio — talvez porque não seja tão interessante — e prestar atenção em aspectos aparentemente insignificantes dos assuntos. Às vezes, essas facetas menos evidentes são becos sem saída, mas às vezes explodem em importância quando exploradas pelo tipo certo de indivíduo."

Ao refletir sobre a combinação dessa resposta perspicaz com a de Gianotti, percebi que tinha *Feynman* estampado nela. De que outra forma descreveríamos o fascínio dele por fenômenos que, à primeira vista, pareciam desimportantes? Também pude ouvir nas observações de Vos Savant ecos do interesse declarado por Dyson mais pelos "detalhes" do que pelo "quadro geral". O mais importante, contudo, foi que Vos Savant capturou aqui um aspecto da essência da curiosidade: não se interessar pelo *óbvio*, mas preferir o obscuro ou misterioso. Como observou o filósofo Martin Heidegger, "Fazer-se inteligível é o suicídio para a filosofia".[20]

* * *

Meu próximo entrevistado, John "Jack" Horner,[21] também nunca se formou em uma faculdade. Isso não impediu que ele se tornasse um dos paleontólogos mais conhecidos, bolsista da Fundação MacArthur, consultor científico da franquia de filmes *Jurassic Park* e descobridor do encantador fato de que ao menos uma espécie de dinossauros cuidava dos jovens. Foi ele também que mostrou que alguns dinossauros antes considerados espécies distintas eram apenas os mesmos dinossauros em idades diferentes.

Conversei com Horner em setembro de 2015. Minha primeira pergunta foi um pouco hesitante: "Você diria que é curioso?"

"Sim, isso é a *principal* coisa que sou", respondeu de imediato. Horner descobriu seu primeiro osso de dinossauro aos 8 anos de idade e escavou um esqueleto de dinossauro aos 13. Essas escavações notáveis me levaram naturalmente à próxima pergunta: "Como isso aconteceu?"

"Meu pai era um homem da terra e das pedras; ele tinha um grande conhecimento em geologia. Então, levou-me a um lugar onde achou que eu provavelmente encontraria ossos de dinossauro."[22] Após uma rápida pausa, ele acrescentou: "No final das contas, ele se tornou o primeiro sítio onde fiz algumas das minhas descobertas."

Ainda havia algo que não estava completamente claro para mim: "Muitas crianças são fascinadas por dinossauros, mas a maioria não se torna paleontólogo. Como você embarcou na estrada para a paleontologia profissional?"

Horner riu. "Eu era extremamente disléxico. Mesmo hoje, leio como um aluno do segundo ano. Então, enquanto as outras crianças aprendiam a ler, eu saía à procura de fósseis. Quando encontrava alguma coisa, ia à biblioteca, examinava imagens de dinossauros e tentava identificar a qual dinossauro aqueles ossos haviam pertencido."

Eu o interrompi por um minuto: "Presumo que, naquela época, ninguém sabia exatamente o que era dislexia, certo?"

"É verdade", ele respondeu. "Alguns pensavam que eu era retardado. Por muito tempo, meu pai acreditou que eu era simplesmente preguiçoso. Aliás", ele riu, "ele acreditou nisso até minha foto aparecer na capa da sua revista favorita".

Eu disse a Horner que essa história interessante sobre ele e seu pai me lembrou uma entrevista que vi na TV com o pai de Barry, Robin e Maurice Gibb, os irmãos que formaram o grupo musical Bee Gees. A entrevista se deu exatamente na época em que os Bee Gees, que escreveram todos os seus sucessos, estavam no auge da carreira. No entanto, seu pai insistiu: "Esses rapazes nunca trabalharam um único dia de suas vidas."

Como eu sabia que Horner frequentou algumas aulas de geologia e zoologia na Universidade de Montana, pedi-lhe que descrevesse a experiência.

"Passei muitos anos frequentando a universidade e aprendi muito, mas não conseguia passar nas avaliações, porque, essencialmente, todos os exames requeriam muita leitura", ele lembrou.

"O que, então, você realmente aprendeu?" Assim que fiz essa pergunta, percebi que poderia ter previsto a resposta.

"A universidade tinha uma ótima coleção de fósseis, e fiquei muito interessado neles."

"Mesmo assim, ainda hoje, é difícil fazer progresso na pesquisa quando não se consegue ler, certo?", indaguei.

Ele riu alto. "Sempre digo aos meus alunos: 'Se você fizer progresso antes, não precisa ler nada.'"

Além de ser engraçada, essa resposta me deixou sem fôlego. Sem saber, Horner estava quase citando Leonardo com precisão. Lembremos qual foi a reação de Leonardo à acusação de que não era versado: "Aqueles que estudam os antigos e não as obras da Natureza são enteados, e não filhos da Natureza, a mãe de todos os bons autores." Assim como Horner fez cinco séculos depois, Leonardo exclamou: "Embora eu possa não ser capaz de citar outros autores, citarei o que é muito mais importante e válido: a experiência, a amante de seus mestres."

Horner continuou reiterando as mesmas opiniões: "O que descobri na minha pesquisa foi que muitos outros cientistas tinham ideias preconcebidas com base no que haviam lido. Eu não tinha nenhuma. Quando descobria alguma coisa, escrevia sobre o que encontrara e quais conclusões tirava pessoalmente das minhas descobertas." Horner tocou aqui, de forma oblíqua, em outra realidade um tanto infeliz à qual Vos Savant fizera referência: poucos cientistas hoje podem se permitir correr riscos e seguir independentemente a sua curiosidade, pois a competição por financiamento e reconhecimento é dura. Quanto mais cara é a ciência, mais ela desencoraja a curiosidade e a exploração do "pensamento fora da caixa" a favor do progresso incremental.

Retornando à pergunta que eu fizera a algumas outras "mentes curiosas", inquiri: "Há alguma outra característica que você acha que anda de mãos dadas com a curiosidade?"

"Excelente pergunta", ele respondeu. "Talvez você possa identificá--la se eu lhe contar que agora mesmo estou preparando uma palestra que será apresentada no contexto de um curso intitulado Introdução à Biotecnologia. Confidencialmente, deixe-me lhe dizer", sussurrou dramaticamente, "que acho muitas das outras palestras desse curso áridas.

Meu tópico é [e aqui sua voz se ergueu outra vez] 'como produzir um unicórnio cor-de-rosa que brilha no escuro'".

Para me certificar de que havia compreendido corretamente o título do assunto, indaguei, um tanto descrente: "Você está falando seriamente em palestrar sobre a produção de uma nova espécie — um unicórnio cor-de-rosa que brilha no escuro?"

"Sim. Algumas pessoas são estimuladas pela perspectiva de sucesso — elas podem ter o desejo de curar o câncer. Estou curioso a respeito desse problema teórico. Será que realmente podemos produzir um? Quantas coisas precisamos saber para produzi-lo?"

Isso não deixa de ser um exercício magnífico, que se encaixa perfeitamente no conceito de Gianotti de "capacidade de pensar além" e na noção de Vos Savant de "habilidade de ignorar o óbvio". "E isso resume a sua filosofia do que está por trás da curiosidade e da ciência?", perguntei.

Horner, mais uma vez, mostrou-se muito confiante. "Acho que o melhor tipo de ciência surge quando você segue a sua curiosidade pessoal em vez de seguir a de qualquer outra pessoa. Seu objetivo deveria ser tentar satisfazer a sua curiosidade."

Por acaso, eu sabia que Horner estava envolvido em mais um grande projeto, então achei que também deveria perguntar sobre isso: "E o projeto Reconstruindo um Dinossauro?"

Horner já esperava a pergunta. "Ao contrário de outras tentativas, não estamos usando DNA antigo." Ele estava se referindo ao trabalho fascinante do geneticista e engenheiro molecular George Church, cujo objetivo era "desextinguir" o mamute-lanoso com o uso de material genético de espécimes congelados do mamute. "Em vez disso", continuou Horner, "usamos o DNA do pássaro e tentamos fazer sua engenharia reversa. No final das contas, grande parte da dificuldade está na produção de uma cauda, pois isso essencialmente envolve a produção de vértebras".

Impressionado com a ambição da empreitada, só pude observar: "Seria fantástico se vocês tivessem nem que fosse um sucesso parcial."

Considerando o quão ousados são os projetos intelectuais de Horner, não pude deixar de fazer a última pergunta: "Você seleciona os seus alunos da faculdade e bolsistas para o pós-doutorado entre aqueles que compartilham do mesmo grau de curiosidade que você?"

"Absolutamente!"

* * *

Talvez o meu último entrevistado não tivesse se tornado um artista mundialmente famoso se não houvesse levado um tiro na perna. Eis como o escultor, fotógrafo e artista de "mixed media" Vik Muniz descreve os eventos daquela noite fatídica em São Paulo:[23]

> Certa noite, depois de ter deixado um evento social, testemunhei uma briga entre dois homens, um dos quais estava batendo no outro violentamente com um soco-inglês. Saí do meu carro e ajudei a apartar a vítima do agressor, que fugiu. Eu estava andando de volta para o meu carro quando ouvi uma grande explosão, e de repente estava no chão, rastejando pela minha vida. A vítima, incapaz de fazer um julgamento claro, havia aberto a porta do seu carro, pegado uma arma e descarregado o cartucho inteiro na direção da primeira pessoa que viu usando roupas escuras. Essa pessoa era eu. Por sorte, o tiro não foi fatal. E, por mais sorte ainda, o atirador era rico. Implorando que eu não desse queixa, ele me ofereceu uma quantia razoável em dinheiro, que usei para comprar uma passagem para Chicago em 1983.

Muniz atualmente vive em Nova York,[24] embora visite o Rio de Janeiro com frequência. Ele é um artista com uma imaginação pirotécnica, mais conhecido por recriar obras de arte icônicas com grande perspicácia e meticulosidade usando materiais comuns, como calda de chocolate, açúcar, diamantes e manteiga de amendoim, em seguida fotografando-os para produzir imagens no estilo fotojornalístico.

Em 2010, o filme *Lixo extraordinário* documentou um projeto ambicioso assumido por Muniz no maior lixão do mundo, o Jardim Gramacho, nos arredores do Rio de Janeiro.²⁵ Na empreitada, ele colaborou com catadores de lixo para transformar, literalmente, lixo em arte. *Lixo extraordinário* foi indicado para o Oscar e ganhou mais de cinquenta prêmios internacionais.

Quando conversei com Muniz em fevereiro de 2016, perguntei-lhe sobre algo de que tomei conhecimento em seu livro *Reflex: Vik Muniz de A a Z*. "Sei que você gosta do poema narrativo de Ovídio *Metamorfoses*. Podemos considerá-lo o lema de todo o seu trabalho?"

Muniz riu. "Talvez não exatamente um lema, mas uma inspiração. Sabe? A primeira frase de *Metamorfoses*, 'Minha mente está empenhada em descrever corpos alterados em novas formas', é uma afirmação tão interessante sobre a percepção e a interpretação." Após uma rápida pausa, ele continuou: "Tanto artistas quanto cientistas tentam olhar para tudo com curiosidade. Passei anos tentando encontrar uma definição para a arte, e finalmente cheguei a 'um desenvolvimento ou evolução da interface entre a mente e a matéria'." Ele voltou a rir e disse: "Em seguida, percebi que a mesma definição também poderia ser aplicada à ciência."

"Você identifica outras conexões entre a arte e a ciência?", perguntei.

"Definitivamente", respondeu Muniz, sem pestanejar. "Tanto cientistas quanto artistas são 'famintos' — eles dedicam suas vidas às ferramentas criativas que podem ajudá-los a descobrir o que há lá fora. Quando converso com cientistas, fico impressionado com o fato de que, por exemplo, no mundo subatômico, eles pensam sobre coisas que estão além do reino dos sentidos. Como você percebe ou entende as dimensões além das três dimensões do espaço? Isso é difícil para pessoas que estão acostumadas a pensar visualmente."

A observação de Muniz foi muito semelhante à descrição de Gianotti de indivíduos curiosos como pessoas "com a capacidade de pensar além" e o comentário de May de que a ciência e a arte estão conectadas "de certa forma misteriosa". Isso levou automaticamente à minha pergunta seguinte: "Você se considera uma pessoa curiosa?"

Muniz riu alto. "Poderíamos dizer que a minha curiosidade é tão profunda que é quase uma doença. Quando eu era criança, alguém me deu uma chave de fenda de presente, e eu quase desmontei a casa inteira. Precisaram tomar a chave, porque eu levei até um choque elétrico. Não me considero erudito, mas tento saber pelo menos um pouco sobre quase tudo. Acho que a semente da criatividade é a curiosidade, e que o potencial para a imaginação vem da indagação." Ele ficou em silêncio por alguns segundos, e então acrescentou: "De vez em quando, quase invejo as pessoas da Idade Média, quando se sabia tão pouco e havia um mundo inteiro para despertar a sua curiosidade."

"Quero lhe perguntar sobre duas coisas que sei que o fascinam: a luz e o comediante Buster Keaton."

Muniz explicou: "No meu trabalho, tento descobrir como podemos traduzir a informação que recebemos dos sentidos em uma imagem mental. Há tantas coisas que não nos ensinam no curso de artes: as propriedades físicas da luz, a fisiologia da visão, a neurociência e a psicologia da visão. Você não pode trabalhar sem saber tudo isso. Consequentemente, metade da minha biblioteca em Nova York é composta de livros científicos."

Essa era precisamente a atitude de Leonardo. "E quanto a Buster Keaton?", prossegui.

"O trabalho dele tem duas características principais: mecânica, e causa e efeito. É a mecânica do humor e a mecânica do corpo, que nos filmes mudos eram tão mais importantes. Eu simplesmente acho Keaton brilhante."

Eu sabia que uma das obras de arte da sua série *Pictures of Ink* é um retrato de Richard Feynman (Figura 19 do encarte). Nessa série, Muniz criou representações feitas à mão em tinta grossa de imagens conhecidas. "Por que Feynman?", perguntei.

"Li todos os livros mais populares dele", respondeu Muniz. "Todo cientista que conheço ficava profundamente impressionado com Feynman."

De fato, pensei.

"Ele até foi ao Brasil aprender a tocar tambor", continuou Muniz. "Tinha um tipo de observação muito aberta. Tanto cientistas como artistas precisam ter isso, ser capazes de inventar novas maneiras de encarar as coisas."

Eu só consegui pensar novamente: *De fato*. Por fim, perguntei a Muniz o que o inspirou a fazer o projeto no aterro sanitário do Jardim Gramacho, e achei sua resposta sincera e muito comovente.

"Para mim, foi um daqueles momentos. Eu estava trabalhando em uma retrospectiva da minha carreira e disse a mim mesmo: 'Eu sei o que a arte fez por mim', mas estava me perguntando o que ela fazia por outras pessoas. Então, comecei a trabalhar com pessoas sem qualquer conexão anterior com a arte. No final das contas, a minha principal motivação foi a curiosidade." O dinheiro levantado a partir do leilão das obras de arte resultantes foi dado aos catadores de lixo brasileiros.

Uma mente vigorosa

Samuel Johnson escreveu em 1751: "A curiosidade é uma das características permanentes e infalíveis de uma mente vigorosa."[26] Se examinarmos as reações dos indivíduos possuidores de uma curiosidade prodigiosa que entrevistei, podemos extrair alguma conclusão a partir de suas histórias pessoais e suas mentes indubitavelmente vigorosas? Suspeito que possamos.

Embora as memórias de infância devam sempre ser encaradas com certa reserva, já que podem ser submetidas a correções e embelezamentos posteriores, os relatos que reuni deixam poucas dúvidas de que, mesmo não tendo jamais pensado conscientemente nisso, as pessoas excepcionalmente curiosas na vida adulta geralmente também foram crianças curiosas. Nem todas as crianças tentam resolver os mistérios das marés (como Martin Rees fez), e, embora muitas brinquem com dinossauros de brinquedo, pouquíssimas escavam ossos de dinossauro (como fez Jack Horner). Esperemos que cada vez menos crianças tomem choques elétricos por causa da sua curiosidade, como foi o caso de Vik Muniz. A curiosidade se manifesta na forma de grandes interesses e no entusiasmo pela exploração de fenômenos, eventos e artefatos. Mas também está muito claro que ter uma curiosidade insaciável não significa necessariamente que a criança possa ser identificada como "dotada" (basta levarmos em conta a história de Horner).

O psicólogo Mihaly Csikszentmihalyi especulou que as crianças desenvolvem interesses pelas atividades que lhes dão vantagens na competição pela atenção e admiração dos adultos importantes em suas vidas. Assim, argumentou que uma menina reconhecida pela sua capacidade de pular e dar cambalhota tem grande probabilidade de se interessar em ginástica. Embora esse cenário de fato se aplique a certos casos, como o de Picasso (que demonstrou um talento incrível para desenhar ainda muito jovem), o quadro pode ser bem mais complexo (como nos casos de Fabiola Gianotti e Marilyn vos Savant, por exemplo). O caminho de Brian May ziguezagueou: ele participou da construção de uma guitarra com o pai, depois estudou matemática e ciência, e abandonou esse caminho (apesar da objeção dos pais) pela música só para eventualmente retornar à ciência. Há outra lição importante aqui: as pessoas podem manter sua curiosidade viva por muitos anos, e até retornar a tópicos que despertaram seu interesse em uma etapa anterior da vida. O próprio Csikszentmihalyi reconheceu que muitas vezes a vantagem competitiva não é um resultado da hereditariedade. Em vez disso, as primeiras manifestações da curiosidade podem ser despertadas por circunstâncias particulares no ambiente imediato da criança.

Os relatos de Gianotti e Rees da sua época de faculdade mostram que nem todo cientista curioso, ou até de grande sucesso, comprometeu-se com uma carreira científica muito cedo. Ao contrário, como indicam as experiências de Jacqueline Gottlieb, alguns exploraram um panorama intelectual mais amplo antes de se fixar ou se concentrar em uma paixão específica. Um exemplo extremo de mudança de interesse e curiosidade foi dado pela incrível trajetória de Story Musgrave. O caminho que ele seguiu, com uma curiosidade inspirando a outra, foi muito parecido com o do químico ganhador do Prêmio Nobel Ilya Prigogine.[27] Apesar de os seus interesses originais se concentrarem nas ciências humanas, devido à pressão da família, Prigogine começou a estudar Direito. Isso levou a um interesse pela psicologia da mente criminosa, seguido por um mergulho na neuroquímica na tentativa de decifrar os processos do cérebro. Percebendo que a neurociência ainda estava longe de ter as condições necessárias para explicar completamente o comportamento, ele decidiu começar pelas bases, aprofundando-se na química básica dos sistemas auto-organizados.

Lembremos que Musgrave também foi da matemática à ciência da computação, passando pela química, em seguida para a faculdade de Medicina, e no final se tornou um astronauta de renome. A implicação é que, por um lado, a curiosidade é como um farol; mas, por outro, pode iluminar uma estrada sinuosa. Os indivíduos excepcionalmente curiosos podem não ser capazes de prever aonde a curiosidade vai levá-los (como nos casos de Dyson, Vos Savant, Muniz e May), mas permanecem sempre atentos ao mundo ao seu redor e preparados para tentar resolver alguns dos seus mistérios. Uma característica que parece conservar o frescor da curiosidade (em qualquer idade) é certa abertura ao reconhecimento de problemas desconhecidos, mesmo em novas áreas. O interesse de Rees pelas ameaças à humanidade, o ativismo apaixonado de May em defesa dos animais e a investigação de Horner sobre como produzir um unicórnio cor-de-rosa são exemplos excelentes. Talvez até mais impressionante do que isso, numa entrevista com a *Quanta Magazine*,[28] alguns dias antes do seu nonagésimo aniversário, Freeman Dyson revelou que havia embarcado em um novo desafio: formular um modelo matemático para testes clínicos eficazes com o mínimo de mortalidade. Existe algum exemplo melhor para a manutenção e a utilização da energia intelectual?

9.

Por que a curiosidade?

A CURIOSIDADE HUMANA CLARAMENTE SE DESENVOLVEU AO MEnos parcialmente como reforço para a sobrevivência. Uma compreensão do mundo ao nosso redor, suas conexões causais e as fontes de mudança ajudaram os seres humanos a reduzir erros de previsão, a lidar com o meio ambiente e a se adaptar. A curiosidade a respeito dos outros humanos sem dúvidas teve um papel na reprodução e na criação das estruturas sociais. O aventureiro do século XVIII Giacomo Casanova é com frequência citado como tendo dito: "O amor é três quartos curiosidade." Na verdade, o que ele disse em suas *Memórias* foi: "A mulher que, mostrando pouco, consegue fazer um homem querer ver mais, conquistou três quartos da tarefa de fazê-lo se apaixonar por ela; pois que o amor é algo além de um tipo de curiosidade?"[1] Ao mesmo tempo, o desejo pelo conhecimento por si só e a curiosidade em relação a uma série de conceitos abstratos conduziram ao surgimento de uma rica e sofisticada cultura humana.[2]

Os seres humanos não apenas reagem apaixonadamente ao que veem, ouvem ou sentem. Eles demonstram interesse pelos fenômenos próximos e distantes, e ocasionalmente se envolvem de forma ativa na exploração. Em um número relativamente pequeno de pessoas, certos tópicos estimulam um apetite epistemológico tão grande que elas devotam vidas inteiras à busca por respostas. Entretanto, as pessoas não são igualmente curiosas. Sem dúvida, o nível da curiosidade expresso por um indivíduo é, até certo ponto, se é que não essencialmente, ditado pela genética. Existem evidências experimentais consideráveis que sugerem que basicamente todos os traços psicológicos são hereditários. Não obstante, é interessante tentar entender até que ponto outros fatores influenciam na determinação da intensidade da curiosidade das pessoas. Qual é o principal responsável pelas "diferenças individuais" não natas, e até pelas tendências coletivas? Outros fatores além da genética poderiam incluir, por exemplo, as influências dos familiares mais próximos, de amigos íntimos, de professores, de instituições religiosas e do ambiente da herança cultural em geral. Como seria de se compreender, não é sempre fácil separar os efeitos genéticos dos ambientais, especialmente se considerarmos que genética e ambiente com frequência interagem de forma intrincada. Por exemplo, embora seja seguramente verdade que uma cadeia de eventos trágicos na vida de uma pessoa possa levá-la a uma depressão profunda, também já foi estabelecido que a genética de alguns indivíduos os torna mais suscetíveis à depressão do que outros, mesmo que sob circunstâncias muito semelhantes.

Hereditariedade e curiosidade

A fim de obter uma estimativa mais clara da hereditariedade de várias características psicológicas, entre as quais a curiosidade, pesquisadores como Thomas Bouchard, da Universidade de Minnesota, e Robert Plomin e Kathryn Asbury, da King's College, Londres, recorrem com grande frequência a estudos com gêmeos. Em geral, um terço de todos os gêmeos são idênticos (e, portanto, geneticamente equivalentes), enquanto os outros se encontram divididos igualmente entre os que têm o mesmo sexo e os de sexos diferentes. Bouchard e seus colegas são mais conhecidos por um influente projeto de pesquisa conhecido como Minnesota Study of Twins Reared Apart (MISTRA) [Estudo de Minnesota com Gêmeos Criados Separadamente],[3] que reuniu gêmeos de todo o mundo que haviam sido separados na infância e passado a maior parte de suas vidas separados até aquele ponto. Plomin lidera o Estudo do Desenvolvimento Inicial dos

Gêmeos, um trabalho envolvendo cerca de 12 mil famílias que contou também com a participação de Asbury.

Os gêmeos do MISTRA foram submetidos a cerca de 50 horas de exames psicológicos e médicos, com uma ênfase especial na capacidade mental, incluindo testes como a Escala de Inteligência Wechsler para Adultos e as matrizes progressivas de Raven. Os resultados foram conclusivos: gêmeos idênticos que passam boa parte de suas vidas separados mostraram-se essencialmente tão semelhantes em inteligência quanto os que cresceram juntos.

Em 2004, Bouchard revisou os resultados de uma série de grandes projetos realizados com grandes amostras extraídas de sociedades ocidentais relativamente afluentes.[4] As descobertas revelaram que a influência genética ficava entre 40% e 50% de todos os Cinco Grandes traços da personalidade (abertura, realização, extroversão, socialização e neuroticismo), com a abertura (a característica mais relacionada à curiosidade) alcançando um nível de 57% de hereditariedade. Não foram encontradas diferenças significativas na hereditariedade entre os dois sexos.

Bouchard também examinou dados reunidos ao longo de muitos anos em outro estudo abrangente que se concentrou especificamente nos interesses psicológicos (também chamados interesses ocupacionais). Esse projeto de pesquisa em particular envolveu gêmeos, irmãos de idades diferentes, e pais com seus filhos. Ele explorou interesses nos domínios artístico, investigativo, social e empreendedor. Entre esses domínios, o interesse investigativo é claramente um indicador da curiosidade, embora todos os outros provavelmente também envolvam um importante componente de curiosidade. Mais uma vez, todas essas inclinações *apresentaram uma influência genética considerável, a um nível médio de 36%*, com uma influência compartilhada modesta do ambiente de cerca de 10% para cada um dos traços.

Seria a forte influência genética sobre a curiosidade uma surpresa?[5] Provavelmente, não. Como vimos nos capítulos 4-6, a curiosidade demanda certas capacidades cognitivas e pode depender da capacidade funcional de memória e do controle executivo, ambos em grande parte governados pela herança genética. Mais uma vez, no entanto, sem a exposição adequada a oportunidades e a disponibilidade de uma energia psíquica que não esteja completamente comprometida com a sobrevivência e as necessidades vitais, as características genéticas podem permanecer latentes. O próprio Bouchard observou, a esse respeito, que "como os estudos provavelmente não incluíram números significativos de pessoas que vivem nas partes mais carentes do Ocidente, as descobertas não devem ser generalizadas em relação a essas populações". Mais importante ainda, sabemos que a genética não pode contar toda a história. Um mundo que seguisse apenas as instruções codificadas nos nossos genes pela evolução seria muito diferente do nosso mundo. Provavelmente, ele não teria Shakespeare, Mozart ou Einstein. Todos os desenvolvimentos dramáticos — como o surgimento da linguagem humana, as circunstâncias históricas que levaram ao Renascimento e a evolução científica — desencadeados pelo menos parcialmente pela curiosidade humana permitiram que o homem pegasse um caminho mais rápido do que o pavimentado apenas pelo DNA. O que chamamos de nossa "cultura" nasceu da vantagem tirada dessa estrada da curiosidade independente da biologia. Em vez de se desenvolverem unicamente por meio de mutações nos genes humanos (um processo extremamente lento), as civilizações evoluíram através da aquisição e da disseminação do conhecimento. Houve ainda um importante processo de seleção de informações úteis que a mente humana precisou executar, e é aí que entram em cena algumas das estratégias da curiosidade e da exploração discutidas no capítulo 5. O ambiente bombardeia nossos sentidos com dados, entre os quais os nossos cérebros precisam continuamente escolher as peças necessárias para a sobrevivência e para a satisfação dos nossos apetites específicos, gerais, perceptivos e epistemológicos.

Dado o papel importante que a curiosidade exerce em áreas tão diversas como a educação, a pesquisa básica, a aspiração artística e todos os tipos de narração de histórias (através das comunicações interpessoais, dos livros, dos filmes, da propaganda etc.), mesmo se aceitarmos como um fato a noção de que uma parte significativa das diferenças individuais na curiosidade tem uma origem genética, surge a questão: é possível alguém cultivar a curiosidade? Antes de examinarmos as possíveis formas de se aumentar a curiosidade, todavia, devemos reconhecer a curiosidade de que há circunstâncias que podem suprimi-la consideravelmente.

A curiosidade matou o gato

As pessoas que precisam lutar pela sobrevivência não têm o luxo, a motivação ou o tempo para se concentrar no sentido da vida. É difícil esperarmos que os filhos de refugiados, forçados a cruzar fronteiras e, às vezes, continentes inteiros a pé, ao mesmo tempo sofrendo com uma fome constante e a falta de abrigo apropriado, envolvam-se em qualquer tipo de exploração ou atividade que seja satisfatória por si só.

Além disso, houve períodos inteiros na história humana durante os quais mitos, tradições, e, em alguns casos, informações deliberadas que rotulavam a curiosidade como algo perigoso foram verdadeiros impedimentos.[6] Governantes opressores, autoridades que impuseram uma dura ortodoxia religiosa, controladores de informações e, em geral, guardiões convictos do status quo em várias ocasiões acharam que seus subalternos deveriam ser inferiores a eles em conhecimento — e, portanto, que a curiosidade não deveria ser encorajada. Convencer as massas de que aquilo que você não sabe não vai matá-lo e de que as coisas são como são porque é assim que deveriam ser aparentemente foi mais fácil para esses indivíduos que ocuparam o poder do que a aquisição de um conhecimento superior por meio do aprendizado.

Provavelmente, nunca houve uma civilização que não tenha construído muros ao redor de alguns tipos de conhecimento. A tradição de que a curiosidade pode ser perigosa, e, portanto, não deve correr solta é tão velha quanto a própria cultura humana. Na Bíblia, Adão e Eva são banidos do Jardim do Éden por terem cedido à sua curiosidade (incitados pela ardilosa serpente), pois queriam saber mais do que sabiam e comer o fruto proibido. O dramaturgo escocês conhecido pelo pseudônimo de James Bridie descreveu bem-humoradamente (ou teria sido a sério?) as ações de Eva como "o primeiro grande passo em direção à ciência experimental".[7]

Além disso, no livro do Gênesis, quando Deus decidiu destruir as cidades pecadoras de Sodoma e Gomorra, Ele não obstante resolveu poupar as vidas do virtuoso Ló, de sua esposa e das duas filhas do casal. Assim, dois anjos foram despachados por Deus para avisar a Ló que deixasse de imediato a cidade de Sodoma sem olhar para trás, não importava quais fossem as circunstâncias. A mulher de Ló não resistiu à curiosidade e olhou para trás — sendo instantaneamente transformada em uma estátua de sal. (Um pequeno aparte: ela precisaria ser uma pessoa muito grande para ser proporcional às dimensões da formação rochosa de Israel tradicionalmente conhecida como "A Mulher de Ló".)[8]

A noção de que alguns conhecimentos são ilegítimos e proibidos a todos os seres humanos continuou temperando outros textos nas Escrituras e em uma variedade de manuscritos teológicos. No livro canônico do Eclesiastes, por exemplo, encontramos os alertas desencorajadores: "Em muita sabedoria há muito enfado, e o que aumenta em conhecimento aumenta em dor", além da admoestação "Acautela-te de uma busca exagerada de coisas inúteis, e de uma curiosidade excessiva nas numerosas obras de Deus,[9] pois a ti foram reveladas muitas coisas, que ultrapassam o alcance do espírito humano". Podemos ouvir mais um eco desse impedimento na proclamação que Santo Agostinho fez no século V: "Deus criou o inferno para os curiosos." Santo Agostinho também se referiu à curiosidade como a "luxúria dos olhos" (*concupiscentia oculorum*, em latim), e alertou contra as tentações de contar as estrelas ou os grãos de areia, já que essa curiosidade vã, como ele afirmou, criava um obstáculo no caminho para a devoção humilde. Esses sentimentos ressoam fortemente do abade francês do século XII São Bernardo de Claraval, que elevou a curiosidade ao status de pecado mortal, situado em algum lugar entre a preguiça e o orgulho.[10] "Aprender a fim de saber é uma curiosidade escandalosa", anunciou.

A curiosidade tampouco teve sempre a aprovação dos gregos antigos. A mitologia grega contém várias histórias de punições divinas infligidas aos muito curiosos. Em uma lenda semelhante ao relato sobre a Eva bíblica, Pandora não conseguiu resistir e abriu um jarro (que costuma ser erroneamente trocado por uma caixa), com isso libertando todos os males da humanidade. Uma punição severa foi aplicada às irmãs princesas Herse e Aglauros, que, tomadas pela curiosidade, desobedeceram às ordens específicas de Atena e olharam dentro de um cesto que continha o pequeno Erictônio. A visão do mítico futuro governante de Atena (que, de acordo com algumas versões, era metade humano, metade cobra) deixou as irmãs loucas, levando-as a se atirarem da Acrópole. O mito de Sêmele, curiosa a ponto de insistir em ver Zeus em toda a sua glória divina, ainda que ele lhe tenha implorado que não fizesse esse pedido, também terminou em um desastre: ela foi consumida pelo fogo e pelo relâmpago.

Podemos perceber, contudo, que na maioria desses casos é possível argumentar que o ato que levou à pena na realidade foi a desobediência, não a curiosidade. Também devemos lembrar que, até por volta do século XVII, o significado de curiosidade era um pouco diferente do que temos hoje. Várias classes de moralistas relacionavam a curiosidade mais à bisbilhotice em assuntos que não eram da conta do curioso do que à exploração. Assim sendo, o estudioso inglês do século XII Alexander Neckam zombava até mesmo das invenções e realizações humanas na arquitetura como atos de intromissão nas criações de Deus: "Ah, vã curiosidade! Ah, vaidade curiosa! O homem, sofrendo da doença da inconstância, 'destrói, constrói e transforma o que é quadrado em redondo'." Mesmo o grande humanista do Renascimento holandês, Erasmo de Roterdã, que geralmente insistia que "as palavras [das Escrituras] não condenam o aprendizado", argumentou que a curiosidade representava a ambição de conhecer coisas desnecessárias, e que, portanto, deveria ser reservada às elites.

A atitude geral em relação à curiosidade começou a mudar no século XVI,[11] especialmente com o aumento do número de pessoas viajando pelo mundo e dos naturalistas. Aliás, questões como quem deveria saber o quê, e como deveriam obter esse conhecimento, tornaram-se tópicos de debates em círculos que iam de sociedades científicas a sociedades religiosas. O historiador de Oxford Neil Kenny descobriu que mesmo um parâmetro comum, como o número de vezes que palavras como *curiosidade* e outras palavras relacionadas originadas do latim foram usadas em uma grande variedade de obras literárias, viu um aumento de cerca de dez vezes entre 1600 e 1700. Isso refletiu o crescimento do interesse pela exploração, motivado pela revolução científica (e, na verdade, também filosófica). A primeira pessoa a reconhecer a curiosidade como uma emoção da qual os seres humanos não podem escapar foi o incansavelmente curioso matemático e filósofo francês René Descartes.[12] Apesar de sua inclinação a pensar na curiosidade como algo semelhante a uma doença demonstrar que ele ainda tinha sentimentos contraditórios em relação a essa paixão, Descartes declarou: "Tão cega é a curiosidade pela qual os mortais são possuídos que eles com frequência conduzem suas mentes por rotas inexploradas, não tendo razão para esperar sucesso, mas estando meramente dispostos a arriscar a experiência de descobrir se a verdade que buscam está lá." Quando ele criou esse inventário das seis "paixões primitivas", Descartes listou a *indagação* (que, no final das contas, está intimamente relacionada à curiosidade) em primeiro lugar. Ele explicou que a função da indagação era "aprender e reter na nossa memória coisas a respeito das quais éramos anteriormente ignorantes".

Outros personagens notoriamente curiosos se seguiram. O idiossincrático físico e escritor inglês Thomas Browne,[13] por exemplo, publicou livros sobre tópicos tão variados e esotéricos quanto os mistérios da natureza, os seres humanos e sua relação com Deus, crenças e superstições, assuntos relacionados a antiguidades, à história da horticultura e à morte.

No início do século XIX, o naturalista e explorador prussiano Alexander von Humboldt viajou com bastante frequência pela América do Sul, Rússia e Sibéria, tendo publicado livros detalhados sobre botânica, antropologia, meteorologia, geografia, arqueologia e linguística.[14] Um de seus biógrafos escreveu que Humboldt "tomou o mundo como um laboratório de exploração".¹⁵ O irmão de Humboldt, Wilhelm, ele mesmo linguista e filósofo, observou que Alexander tinha "um horror pelo fato único", preferindo, em vez disso, explorar cada aspecto de um fenômeno. Provavelmente, não seria exagero dizer que Humboldt encarnava a curiosidade. Na introdução à sua obra de vários volumes *Cosmos*, na qual tentou apresentar um resumo do conhecimento disponível sobre as ciências físicas, Humboldt enfatizou a natureza igualitária da curiosidade ao escrever que o conhecimento científico era "a propriedade comum de todas as classes da sociedade".¹⁶ Usando quase literalmente as palavras que Leonardo registrara trezentos anos antes e Feynman, 150 anos depois, Humboldt expressou o que poderia ser encarado praticamente como o manifesto dos curiosos: "Não há nada que não desperte o interesse de um naturalista, contanto que ele faça um estudo detalhado. A natureza é uma fonte inexaurível de estudo, e à medida que a ciência avança novos fatos se revelam para o observador que sabe como interrogá-la." Mais tarde na vida, Humboldt se referiu à sua curiosidade quase insaciável: "Gosto de pensar que, embora eu seja culpado por ter extraído da curiosidade intelectual uma grande variedade de interesses científicos, deixei no meu caminho alguns traços da minha passagem." O historiador social Theodore Zeldin resume belamente a contribuição de Humboldt: "Ele ousou estabelecer uma ligação entre o conhecimento e o sentimento, entre o que as pessoas acreditam e fazem em público e o que é uma obsessão particular."¹⁷

Apesar da luz mais positiva sob a qual a curiosidade passou a ser vista a partir do século XVII, muitas pessoas continuaram guardando certo cuidado. Um excelente exemplo dessa desconfiança é a peça trágica de Goethe do século XIX, *Fausto*, em que um estudioso alemão vende a alma para o diabo depois de ver frustradas suas tentativas de adquirir conhecimento. O mesmo período também assistiu a uma fase na qual a palavra *curiosidade* passou a caracterizar não só a sede humana por informação, mas também os objetos raros ou exóticos em que as pessoas se interessavam. Isso levou ao surgimento dos "gabinetes de curiosidades" (ou "quarto das maravilhas"), na prática coleções semelhantes a pequenos museus de itens do mundo natural ou das artes.

Igualmente revelador é o fato de que, em sua coleção de contos de fadas publicada em 1812, os Irmãos Grimm tenham incluído várias histórias com uma mensagem ambígua sobre a curiosidade e o desejo da exploração.[18] Na variação deles de *A bela adormecida* (baseada no conto originalmente publicado em 1697), a princesa de 21 anos investiga avidamente todos os cantos de seu castelo, até chegar a uma pequena torre. Após subir a escadaria sinuosa e abrir uma portinha com uma chave empoeirada, ela se vê diante de uma senhora que gira sua roca de fiar. Impressionada, a princesa mal toca a roca quando o fuso fura seu dedo, levando-a a cair num sono profundo por cem anos. Um pouco desencorajador para a condução de uma exploração curiosa!

No conto *João e Maria*, dois jovens irmãos acabam metidos em uma circunstância também dramática quando sua aventura os leva até uma casa feita de bolo e doces. Sem saber que a casa pertence a uma bruxa canibal, as duas crianças arriscam suas vidas ao comer o telhado da casa. A bruxa, aliás, lembra a figura sobrenatural Baba Yaga, do folclore eslavo, que também come crianças abelhudas.

Apesar do final feliz tanto em *A bela adormecida* como em *João e Maria* (a princesa acaba com seu príncipe; João e Maria salvam suas vidas enganando a bruxa), esses contos de fadas, assim como muitos outros, parecem sugerir que a curiosidade é perigosa. Essa também é a mensagem contida no dito popular "A curiosidade matou o gato". É interessante o fato de que a primeira versão, impressa pela primeira vez no final do século XVI,[19] era "O cuidado matou o gato", a palavra *cuidado* referindo-se à tristeza ou à preocupação. Não se sabe ao certo (ao menos este autor não sabe) como *cuidado* acabou sendo substituído por *curiosidade* por volta do final do século XIX,[20] mas a expressão obviamente tinha o intuito de alertar contra a exploração e servir de conselho para que as pessoas cuidassem das próprias vidas.

Como a curiosidade não apenas é inevitável, como também um dos principais estímulos ao desejo da aquisição do conhecimento, talvez encontremos algum consolo no fato de que uma versão do ditado "A curiosidade matou o gato" contém o adendo mais positivo "mas a satisfação o ressuscitou".

A curiosidade é o melhor remédio para o medo

Infelizmente, os obstáculos à curiosidade não estão restritos aos tempos bíblicos, medievais ou à Grécia Antiga. Regimes tirânicos, que governam com punho de ferro, assim como sociedades e ideologias tacanhas, continuam tentando pôr forçosamente um fim à curiosidade.

Atos com o objetivo de sufocar a curiosidade, ideias novas e a exploração não se limitam ao desencorajamento das ciências. Nem as artes nem o conhecimento em geral foram poupados. Em 1937, por exemplo, o regime nazista organizou em Munique a exibição da *Arte Degenerada*,[21] cujo único propósito era convencer os espectadores de que a arte moderna não representava mais do que uma trama maligna dos comunistas judeus contra o povo alemão. A exibição incluía obras de alguns dos maiores artistas do século XX: surrealistas como Max Ernst e Paul Klee; expressionistas como Ernst Ludwig Kirchner, Emil Nolde, Oskar Kokoschka e Max Beckmann; cubistas-simbolistas como Marc Chagall; pintores abstratos como Wassily Kandinsky e Ernst Wilhelm Nay; além de muitos outros. As pinturas foram deliberadamente espalhadas pelas paredes sem uma ordem lógica para transmitir a impressão de falta de valor. No catálogo da exibição, as obras abstratas eram apresentadas com descrições derrogatórias, como "Não há como dizermos o que havia nos cérebros doentios dos portadores do pincel ou do lápis". Para intensificar as reações negativas do público, os organizadores contrataram agitadores que se misturaram aos visitantes e zombavam em voz alta da arte. Algumas das obras foram até mesmo queimadas posteriormente.

E essa não foi de forma alguma a última vez que um regime reacionário, intolerante ou totalitário destruiu obras de arte ou tomou medidas deliberadas para desencorajar a curiosidade. No dia 14 de março de 2001, o governo teocrático do Talibã no Afeganistão anunciou a explosão com dinamites dos dois grandes Budas de Bamiyan. Essas estátuas monumentais (com cerca de 54 e 38 m de altura; a Figura 20 do encarte mostra o Buda menor em 1977) foram construídas por volta do século

VI. À época da explosão, o Talibã também destruiu estátuas do Museu de Cabul e de outros museus das províncias afegãs, com isso aniquilando ligações com o passado do Afeganistão.

O ataque mais chocante do Talibã contra a curiosidade, contudo, teve como alvo uma pessoa curiosa: Malala Yousafzai.[22] Nascida em 1997 em Mingora, no Paquistão, Malala tornou-se uma ativista conhecida na infância. Em 2008, após os ataques do Talibã a escolas femininas, ela fez uma palestra intitulada "Como o Talibã Ousa Tirar o Meu Direito à Educação Básica?". Esse ato de coragem foi seguido por um blog escrito para a BBC. O Talibã lançou uma ameaça de morte contra Malala quando a menina tinha 14 anos de idade, e em 9 de outubro de 2012 um atirador atingiu sua cabeça quando ela ia de ônibus para a escola. Felizmente, a jovem sobreviveu, ganhou o Prêmio Nobel da Paz em 2014 e continua defendendo a educação feminina. Em julho de 2015, essa moça, corajosa e curiosa ativista, abriu uma escola para meninas sírias refugiadas no Líbano.

Uma forma clássica de censura extrema e supressão da curiosidade é a queima de livros. Os relatos de diversos episódios de atos de ódio contra livros remontam ao século VII a.C., mas a prática da queima de livros repetiu-se até o século XX. Os nazistas, por exemplo, incineravam regularmente livros de autores judeus. O ditador fascista chileno Augusto Pinochet ordenou a queima de centenas de livros em 1973. Em 1981, como parte de um massacre de três dias da minoria tâmil, tropas paramilitares patrocinadas pela polícia e pelo governo cingaleses queimaram a Biblioteca Pública de Jaffna, no Sri Lanka, que continha milhares de livros e manuscritos tâmeis.

Há alguma lição a ser tirada dessas histórias de opressão, intimidação e ataques à liberdade pessoal? Acredito fortemente que sim, e que é uma lição bastante plausível: *a curiosidade é o melhor remédio para o medo*. Uma das manifestações mais claras da liberdade é precisamente a habilidade de nos interessarmos por qualquer coisa que nos agrade. Freeman Dyson observou esse fato no senso mais restrito da sua aplicação à ciência quando disse: "Ser um cientista lhe dá a 'licença' de trabalhar em qualquer problema científico." Entretanto, a verdade é que a liberdade significa poder seguir a sua curiosidade aonde quer que ela o leve, contanto que você não invada a liberdade dos outros e que seja guiado por certos pontos éticos (discutirei esse tópico no Epílogo). Ou, como o estudioso de Oxford Theodore Zeldin coloca com grande precisão, "Interessar-se pelo próprio trabalho, por poucos hobbies, por poucas pessoas deixa buracos negros demais no universo".[23]

Eu cunhei a frase "A curiosidade é o melhor remédio para o medo" quando estava preparando uma palestra pública em 2012. Pouco depois, porém, descobri que não havia sido a pessoa a pensar na propriedade "terapêutica" da curiosidade. O slogan da exibição de 2008 do Quadrienal U-Turn de Arte Contemporânea de Copenhague foi uma frase muito parecida: "Substitua o Medo do Desconhecido Pela Curiosidade" (Figura 21 do encarte). No final das contas, essa expressão significa que, da mesma forma que os cientistas continuam descobrindo desde a revolução científica que cada avanço introduz uma nova série de perguntas e incertezas, devemos nos dar conta de que o mundo ao nosso redor nos oferece um número infinito de oportunidades de exercermos a nossa curiosidade e uma abundância de tópicos sobre os quais ficarmos curiosos. Não podemos permitir que a nossa curiosidade seja amordaçada. Nas palavras de Vladimir Nabokov, "Discutir essas questões significa curiosidade, e a curiosidade, por sua vez, é a insubordinação em sua forma mais pura".[24]

Durante o processo de escrita deste livro, deparei-me inesperadamente com o fato de que o romancista irlandês James Stephens usava uma expressão ainda mais poderosa do que "o melhor remédio para o medo" na sua descrição da curiosidade.[25] Em um romance filosófico intitulado *The Crock of Gold*, ele descreve um menino que cresce em uma floresta densa onde a luz do sol nunca entra. Não muito longe de sua casa, porém, o menino descobre uma clareira onde, por algumas horas no verão, o sol queima no interior da floresta. "A primeira visão da chama extraordinária o surpreendeu", escreve Stephen, e em seguida, como se ecoasse Leonardo na entrada da caverna, prossegue: "Ele jamais vira nada como aquilo, e claridade firme, que nunca pisca, lhe provocou igualmente medo e curiosidade." Stephen conclui com esta frase forte: "A curiosidade vencerá o medo, mais do que a bravura; de fato, ela levou muitos a correr perigos diante dos quais a mera coragem física estremeceria, pois que a fome, o amor e a curiosidade são as maiores forças motrizes da vida."

No final das contas, a intrincada relação entre curiosidade e medo é mais do que um tópico para uma palestra motivacional. Ela tem uma base fisiológica. O neurotransmissor dopamina já foi relacionado tanto à recompensa (e, portanto, à curiosidade) quanto ao medo em regiões adjacentes do cérebro. Em 2011, os psicólogos da Universidade de Michigan Jocelyn Richard e Kent Berridge mostraram que, quando a dopamina podia atuar normalmente, a aplicação da substância na parte frontal do núcleo accumbens dos ratos os levava a comer três vezes mais do que de costume. Ao contrário, quando a dopamina era injetada na parte traseira do núcleo accumbens, os ratos tiveram uma reação de medo, como se estivessem sendo perseguidos por predadores.[26] Essas experiências demonstram que a curiosidade pode cruzar a linha tênue entre temor e recompensa não apenas de forma figurativa, mas, em certo nível, também literalmente.

Depois de analisarmos os deprimentes exemplos históricos da supressão coletiva da curiosidade, agora podemos retornar a uma questão mais positiva e fascinante: como podemos estimular e cultivar a curiosidade individual, elevá-la e mantê-la sempre vibrante? Devo enfatizar que a próxima seção não tem o objetivo de ser um tutorial completo. Em vez disso, transformaremos algumas lições dos capítulos anteriores em ideias que podem ajudar a reforçar a nossa curiosidade inata.

Alimentando o desejo ardente de saber

Em seu divertido livro *What Do You Care What Other People Think?*, Richard Feynman conta uma história encantadora sobre como, durante sua infância, seu pai fez o melhor para lhe dar as ferramentas mentais que acabaram por ajudar Feynman a se transformar em um cientista com uma mente dada à inquisição. À primeira vista, a história em si parece simplória. O pai de Feynman chama sua atenção para o fato de que certo pássaro estava perambulando de um lado para outro enquanto bicava as penas o tempo todo (ele provavelmente queria dizer "limpar" em vez de "bicar"), e em seguida pergunta ao menino por que ele achava que os pássaros faziam isso.[27] Feynman responde: "Bem, talvez eles baguncem suas penas quando voam, então as bicam para arrumá-las." O pai sugere uma forma simples de testar sua hipótese. Ele observa que, se a conjectura de Feynman estiver correta, os pássaros que tivessem acabado de pousar bicariam (limpariam) as penas muito mais do que os pássaros que já tivessem passado algum tempo no chão. Pai e filho observaram alguns pássaros e concluíram que não havia diferença discernível entre as aves que tinham acabado de pousar e as que já tinham passado algum tempo no chão. Feynman reconheceu que sua hipótese provavelmente estava incorreta, e pediu ao pai a resposta correta. Seu pai explicou que os pássaros ficavam incomodados com um parasita que come uma gordura proveniente das suas penas. Existem ácaros que comem uma substância cerácea nas pernas dos piolhos, e então algumas bactérias crescem no material semelhante ao açúcar excretado pelos ácaros. Ele concluiu: "Portanto, como você pode ver, em todo lugar onde há alguma fonte de alimento há *alguma* forma de vida que o encontra."

Essa história aparentemente inocente de uma memória infantil é notável em uma série de aspectos. Em primeiro lugar, o pai de Feynman lhe ensinou o prazer da observação e do questionamento. Como o próprio Feynman colocou, "Estou sempre procurando, como uma criança, as maravilhas que sei que posso encontrar — talvez não todas as vezes, mas de vez em quando". Em segundo, o pai gerou uma curiosidade específico-perceptiva ao apontar um fenômeno intrigante — pássaros limpando as penas — e fazer uma pergunta a respeito. O pai de Feynman criou uma lacuna de informação que não parecia impossível de preencher — uma forma garantida de provocar a curiosidade. De modo semelhante, uma criança que é capaz de dizer o nome de 42 dos [cinquenta] estados dos Estados

Unidos tem maior probabilidade de se interessar em aprender os nomes daqueles que não consegue acertar do que uma criança que mal sabe o nome de cinco estados. Em terceiro lugar, o pai de Feynman não lhe deu a resposta imediatamente; em vez disso, incentivou a curiosidade epistêmica ao sugerir um teste para a explicação proposta por Feynman. Além disso, lembremos que as experiências demonstraram que, quando descobrimos que nossas teorias estavam erradas, a chance de nos lembrarmos da interpretação correta é maior (e até mesmo a memória incidental é reforçada). Por fim, seu pai deu uma resposta que Feynman conhecia, ainda que provavelmente estivesse incorreta nos detalhes (os pássaros limpam as penas para remover a poeira e os parasitas, para alinhá-las na melhor posição e espalhar o óleo secretado por uma glândula), mas correta em princípio. Seu pai também usou esse exemplo comum dos pássaros limpando as penas para transmitir uma ideia do quadro muito maior da vida, dos seus processos e da dependência de recursos alimentares na natureza, mais uma vez promovendo o desenvolvimento da curiosidade epistêmica.

A história de Feynman, portanto, contém uma série de dicas gerais importantes em relação ao que pode alimentar a curiosidade, tanto internamente, como nos outros. Primeiro, é importante esforçar-se para preservar a capacidade de se surpreender e para surpreender os outros. Assim como os exercícios físicos promovem a saúde das juntas e dos músculos, conservar a capacidade de se surpreender de uma criança equivale ao exercício da curiosidade perceptiva. Como se alcança isso? Um dos caminhos é se interessar genuinamente algumas vezes por semana pelo menos por um dos diversos eventos, pessoas, fatos ou fenômenos com que nos deparamos diariamente. Entre eles, pode estar a leitura sobre o que determina a trajetória dos raios bifurcados em uma tempestade, perguntar qual é o hobby de um colega de trabalho, examinar um novo aplicativo para smartphones, acompanhar um tweet em particular ou tentar entender o comportamento do mercado de ações. (Boa sorte com esta última opção!) Não importa qual seja o objeto de estímulo, contanto que se permaneça estimulado. Semelhantemente, devemos ser capazes de surpreender os outros, e a nós mesmos, fazendo algo imprevisível ou aparentemente incomum para a sua personalidade.[28] Isso pode se manifestar na maneira como nos vestimos, ao nos relacionarmos nas redes sociais ou mudarmos nossos hábitos. A produção produtiva da curiosidade perceptiva nos outros parece reforçar a nossa própria curiosidade. Pessoas curiosas gostam de se expor a novas sensações e de experimentar novos estados mentais. Uma série de estudos demonstrou que a curiosidade eleva a motivação extraída do valor percebido da informação.[29] Um estudo publicado em 2004 sugeriu, ainda, que indivíduos curiosos se sentem atraídos por indivíduos igualmente curiosos, e que essa semelhança pesa ainda mais na atração do que outras características compartilhadas.[30]

Como não seria de se surpreender, quando se trata de alimentar a curiosidade, existe uma estratégia que podemos aprender com Leonardo: tentar criar um registro das coisas que despertam a nossa atenção ou que gostaríamos de explorar. Isso não significa que precisemos nos dedicar ao mesmo hábito obsessivo de fazer anotações com que Leonardo se preocupou durante toda a vida, mas deveríamos ao menos documentar os fenômenos ou eventos que realmente se destacam. Um exame subsequente do acúmulo desse tipo de anotações pode revelar um tema ou padrão digno da sua curiosidade epistêmica, encorajando um estudo mais meticuloso que possa produzir o prazer da aprendizagem.

As experiências neurocientíficas e psicológicas descritas nos capítulos 4-6 (e a história de Feynman sobre os pássaros limpando suas penas) sugerem outra forma de cultivarmos a curiosidade, especialmente em crianças e estudantes. Os educadores deveriam fazer perguntas com frequência, mas não fornecer as respostas de imediato. Em vez disso, deveriam encorajar os alunos a dar as respostas eles mesmos, e em seguida pensar em testes para verificar se estão corretas. Em outras palavras, o objetivo é treinar continuamente os músculos da curiosidade epistêmica e reforçar sua destreza intelectual.

Observemos, também, que livrarias e bibliotecas oferecem boas oportunidades de exercitarmos a curiosidade geral positiva. Ao lado do livro específico em que você está interessado, sempre há outros livros que podem ser igualmente interessantes. Clicar em tópicos que surgem durante uma busca em particular na internet oferece uma variante dessa experiência. Você não deve se privar de explorar (pelo menos ocasionalmente) esse tipo de associações, já que podem ser extremamente gratificantes.

Uma questão muito importante a respeito do refinamento da curiosidade nos estudantes surgiu na minha entrevista com Martin Rees: uma boa estratégia é alimentar a curiosidade que os próprios estudantes já têm e recrutar o entusiasmo que ela produz para ajudar no processo de ensino. Isto é, se os estudantes estão curiosos para saber mais sobre dinossauros, comece pelos dinossauros. Como as experiências do capítulo 6 mostraram, a curiosidade coloca o nosso cérebro num estado em que absorve tudo o que circunda o objeto da curiosidade. O poeta francês Anatole France escreveu perspicazmente: "A arte do ensino como um todo é simplesmente a arte de despertar a curiosidade natural das mentes jovens para o propósito de satisfazê-la logo em seguida."

Algo que aconteceu pessoalmente comigo pode ajudar a ilustrar o conceito. Quando minha filha mais nova estava no ensino médio, pediram aos alunos que escolhessem e fizessem um projeto de ciências. O processo é conhecido por todos que já tiveram um filho nessa etapa da vida escolar. Esses trabalhos têm como objetivo reforçar a curiosidade epistêmica, mas na maioria das vezes acabam sendo tarefas tediosas para os pais. Quando minha filha me perguntou o que eu achava que poderia ser um bom projeto de ciência, tive a ideia de medir a aceleração em queda livre com o uso de métodos diferentes (um pêndulo, um plano inclinado, jogando algo do telhado etc.). Minha filha, então, prontamente declarou que todas essas experiências eram extremamente chatas, e que pensaria ela mesma em um tópico.

Alguns dias depois, ela me disse que gostaria de testar qual batom suportaria o maior número de beijos. Essa sugestão me pegou completamente de surpresa, já que minha filha até então nunca usara batom, nem mesmo demonstrara algum interesse em batom. Ao ver a minha surpresa, ela explicou rapidamente que o que queria testar era a honestidade das propagandas. Aparentemente, na época, uma companhia afirmava que seu batom era o menos desgastado por um beijo, e minha filha queria testar a legitimidade da afirmação. Eu ainda estava um pouco inseguro em relação a como conduziríamos a experiência, mas ela já tinha uma ideia, propondo passar batom e beijar uma folha fina de papel em dez locais diferentes; nós pesaríamos o papel antes e depois do beijo para determinar o peso do batom que ficou no papel. Em seguida, repetiríamos o processo com dez marcas diferentes de batom.

Aquilo estava começando a tomar a forma de uma experiência científica de verdade, mas ainda precisávamos encontrar uma balança analítica precisa o suficiente para pesar as folhas com exatidão. Aqui, minha esposa, microbióloga, veio ao nosso resgate — ela dispunha da balança certa no seu laboratório. Na verdade, minha esposa sugeriu um segundo teste independente. Ela também tinha um instrumento que podia medir a opacidade, ou a profundidade óptica (na biologia, o termo é "densidade óptica") de folhas transparentes de plástico. Ou seja, esse aparato pode determinar o quanto a intensidade de um raio de luz é atenuada quando ele passa pela folha. A ideia era que a minha filha mais uma vez colasse os lábios com batons diferentes nessa folha transparente, e em seguida medisse a densidade óptica como uma determinação independente de qual batom havia sofrido a maior erosão. Não creio que alguém precise de uma prova melhor para o fato de que, com um pouco de assistência, dar atenção às questões que realmente despertam a curiosidade das crianças pode levar a explorações sérias. Caso você esteja curioso, no final das contas a afirmação feita por aquela companhia de batons em particular era verdadeira. Minha filha também ganhou o prêmio na competição científica.

Epílogo

Em 1870, Mark Twain publicou um conto que mais tarde ganhou o título de "Um romance medieval".¹ A intrincada trama, ambientada no ano de 1222, é mais ou menos assim: o ardiloso lorde de Klugenstein está determinado a tomar a precedência na linha de sucessão do irmão, o duque de Brandenburgh. No leito de morte, o pai deles especificara que o sucessor seria um de seus herdeiros do sexo masculino, ou, se não houvesse nenhum, a filha de Brandenburgh, que deveria provar-se dona de uma reputação impecável. A fim de alcançar seu objetivo maquiavélico, Klugenstein cria a própria filha como se fosse um menino chamado Conrad. Além disso, para garantir ainda com mais certeza que a filha de Brandenburgh, lady Constance, não se torne a herdeira, incumbe um belo e astuto nobre chamado conde Detzin de seduzi-la e, com isso, manchar sua reputação.

Quando a saúde de Brandenburgh começa a se deteriorar, o jovem Conrad é chamado a assumir "seus" deveres como o eventual herdeiro. Klugenstein alerta Conrad a respeito de uma rígida lei declarando que, caso uma herdeira se sente sequer por um instante no grande trono ducal antes de ter sido coroada, ela deverá sofrer a pena de morte.

A trama se complica ainda mais quando, alguns meses depois de Conrad ter assumido seu papel como herdeiro, lady Constance se apaixona por "ele". Como, para a sua grande decepção, Conrad não corresponde ao amor de lady Constance e o sentimento se transforma em um ódio amargo. Para piorar a situação, lady Constance, que de fato fora secretamente seduzida pelo aliado de Klugenstein, conde Detzin, dá à luz um filho. A essa altura, Detzin havia fugido do ducado.

Tem início o julgamento de lady Constance, e Conrad, com grande hesitação, precisa se sentar no trono ducal para atuar como duque e juiz, mesmo apesar de "ele" ainda não ter sido coroado. Do trono, solenemente se dirige a lady Constance: "Pela antiga lei da terra, a não ser que apresente o parceiro da sua culpa e o entregue ao carrasco, a senhorita morrerá. Aceite essa oportunidade — salve-se enquanto pode. Diga o nome do pai do seu filho."

É neste momento que vem um choque devastador. Com os olhos brilhando de ódio, Constance aponta um dedo acusador para Conrad e grita: "Tu és o homem!"

O jovem juiz parece ter inexplicavelmente caído em uma armadilha. Revelar seu sexo para refutar a acusação de lady Constance significaria a morte por ter se sentado no trono proibido. Não o revelar levaria à mesma pena de morte por ter seduzido a prima. Como essa charada extremamente complexa pode ser resolvida?

Inteiramente ciente de que gerou um crescendo na curiosidade de seus leitores, o brilhante Twain realmente brilha. Ele intervém no texto para admitir a incapacidade de dar um desenlace à situação! Simplesmente decide deixar os leitores com uma incerteza perpétua, uma lacuna de informação que jamais será preenchida. "A verdade é que", escreve Twain, "coloquei meu herói (ou heroína) em uma situação tão difícil que não vejo como consigo tirá-lo (ou tirá-la) dela — e, assim sendo, lavarei minhas mãos da coisa toda e deixarei que saia da melhor forma que puder, ou então permaneça ali."

Existe alguma forma de salvar Conrad do cadafalso? Embora Twain não tenha encontrado uma saída, condenando seus leitores a lidar com a própria frustração da melhor forma que pudessem, acredito que ainda haja esperanças para o(a) pobre Conrad. Revelarei o meu final antes que esse epílogo chegue ao final.

Epílogo

Por mais divertida que seja, a história de Twain demonstra o poder da curiosidade de um modo muito simples, mas eficaz.[2] Ficamos angustiados com a decepcionante falta de resolução. O jornalista e autor Tom Wolfe executou um truque análogo no seu romance campeão de vendas *Um homem por inteiro*.[3] Ele escreve sobre um casal que se hospeda em um motel. Em seguida, "ela tirou aquela pequena xícara de sua bolsa de mão, e eles fizeram aquela coisa com a xícara,[4] algo de que ele jamais ouvira falar em toda a sua vida". Muitos leitores desde então têm especulado, sem sucesso, sobre qual prática sexual pode ter sido essa. Alguns tiveram até mesmo a coragem de enviar suas suposições ao próprio Wolfe. Quando indagado a respeito, Wolfe admitiu que formulou a frase simplesmente para dar ao leitor a visão de alguma perversão indizível, mas que não tinha nada específico em mente.

Outros escritores usam artifícios elaborados para simular algo mais próximo da curiosidade epistêmica, o desejo de dar continuidade à análise mais a fim de alcançar uma compreensão aprofundada. Um exemplo maravilhoso é a enigmática peça de Samuel Beckett *Esperando Godot*. Nessa obra absurdista, dois homens idosos aguardam alguém chamado Godot, mas ele nunca aparece. A peça gerou um sem-fim de interpretações que vão de espirituais (a necessidade da humanidade de salvação) a marxistas (uma aceitação dos valores socialistas no lugar da alienação capitalista).[5] Outros acreditam que o drama reflete a própria experiência de Beckett durante a Segunda Guerra Mundial na Resistência Francesa. A intenção de Beckett parece ter sido mesmo deixar seu público dolorosamente desorientado e curioso. "O grande sucesso de *Esperando Godot*", ele disse, "havia surgido a partir de um equívoco: a crítica e o público estavam ocupados demais interpretando em termos alegóricos ou simbólicos uma peça que tenta a todo custo evitar uma definição." De forma equivalente, na Inglaterra do século XIX, ao discutir o fato de uma palestra dada na Real Instituição pelo romancista Walter Besant, intitulada "The Art of Fiction" [A arte da ficção], ter gerado um interesse considerável, o autor Henry James observou: "É uma prova da vida e da curiosidade — curiosidade tanto da parte da irmandade de romancistas quanto dos leitores." E acrescentou: "A arte vive da discussão, da experiência, da curiosidade, da variedade de tentativas, da troca de pontos de vista e da comparação de perspectivas."[6]

A curiosidade passou por uma reavaliação considerável, de algo completamente condenado como um defeito no período medieval a algo enaltecido como uma virtude na era moderna.[7] Mas, do ponto de vista moral, a curiosidade seria inequivocamente boa e desejável? Existe, por exemplo, um tipo de curiosidade que é bizarro e aparentemente inexplicável: a curiosidade *mórbida*.[8] Por que cenas de destruição, violência, mutilação e morte despertam fascínio? Existem não menos do que três grupos de possíveis explicações psicológicas (o que sugere que a razão real ainda não é completamente compreendida).

A linha de pensamento fundada pelo psiquiatra suíço Carl Jung propõe que todas as pessoas têm um lado obscuro, mesmo que esteja escondido nas profundezas da mente, sob várias camadas de moralidade.[9] De acordo com esse ponto de vista, os nossos impulsos macabros representam uma tentativa de aliviar a tensão gerada pela supressão constante dos mesmos desejos proibidos. Uma segunda teoria sugere que o estímulo do horror agudo que acompanha a observação do sofrimento dos outros é intensamente catártico, deixando o observador mais relaxado ao fim da experiência.[10] Essa ideia remonta a Aristóteles, que acreditava que as lágrimas produzem alívio. O grande filósofo Immanuel Kant também a adotou. Uma terceira ideia desvinculada sugere que a curiosidade mórbida cria uma empatia com o sofrimento dos outros — o que, por sua vez, encoraja uma interação social positiva. Em outras palavras, presume-se que a curiosidade mórbida representa uma parte da evolução do chamado cérebro social, que levou a formas mais complexas de sociabilidade. Seja como for, a mera existência da curiosidade mórbida demonstra que devemos ter algum cuidado quando abraçamos a curiosidade em todas as suas manifestações. Essa condição é reforçada pelo fato de que histórias negativas nos noticiários de TV têm consistentemente gerado mais interesse nas audiências do que as histórias positivas.[11]

Epílogo

Quais são as atividades relacionadas à curiosidade que ocupam as nossas preocupações na atualidade? A vigilância governamental dos cidadãos, a exemplo das práticas da Agência de Segurança Nacional [NSA] vazadas por Edward Snowden,[12] sem dúvida é um interesse que gera sérias aflições, mas não é o único. A tecnologia tem criado muitas outras versões modernas do ato histórico de bisbilhotar. (O termo [em inglês] *eavesdropping* [calhas gotejando], aliás, originou-se da ideia de pessoas escondidas sob as calhas para ouvir conversas particulares dentro da casa. É interessante que a lei obsoleta que condenava o ato de ouvir conversas particulares no Reino Unido tenha sido abolida apenas no Criminal Law Act de 1967.) Entre as práticas atuais da bisbilhotice estão o uso de escutas, crackear contas de e-mail, mensagens instantâneas e outras formas de métodos particulares de comunicação. Todas essas invasões do espaço pessoal são ilegais, a não ser quando determinadas por uma ordem judicial. O acúmulo semiclandestino de informações por companhias gigantes como Google, Facebook e Amazon sobre os nossos hábitos de consumo, nossas necessidades médicas, interesses, a literatura de nossa preferência e outros dados que consideramos privados, e até íntimos, é uma forma de curiosidade que muitas pessoas condenam, mesmo apesar de as companhias tecnológicas terem pelo menos negado acesso a seus servidores à NSA. Da mesma maneira, o assédio a celebridades por paparazzi tem sido alvo de inúmeros processos legais e manchetes. Mesmo certos tipos de pesquisas científicas, em particular aquelas que envolvem cobaias humanas ou sérias intervenções genéticas, são considerados antiéticos.

A curiosidade é relacionada a duas conotações: boa e ruim, legítima e ilegítima, recomendável e controversa. A versão que descrevi, discuti e enfatizei neste livro é a curiosidade boa e virtuosa que precipitou e estimulou a evolução intelectual humana. Essa é a curiosidade que incentiva a educação, a exploração e tudo o que é excitante e inspirador em nossas vidas. Ao mesmo tempo, devemos estar completamente cientes dos aspectos negativos da curiosidade, em especial quando somos vítimas deles.

Há ainda mais uma questão que merece a nossa análise. Com o advento de mecanismos de busca rápidos, da Wikipédia e do acesso a informações literalmente na ponta dos dedos, existe o risco de o mistério se perder e de a curiosidade (a positiva) diminuir ou ser completamente eliminada? O YouTube, o Twitter e a Wikipédia prejudicam a nossa capacidade de nos surpreendermos? Essa foi, pelo menos em parte, a opinião apresentada em um artigo "Teach Your Children Well: Unhook Them from Technology" [Crie Bem Seus Filhos: Liberte-os das Garras da Tecnologia], publicado no dia 1º de janeiro de 2016 no *Wall Street Journal*. São essas preocupações que estão por trás do programa de educação Waldorf, baseado nas ideias originalmente expressas pelo filósofo austríaco Rudolf Steiner. Essa pedagogia enfatiza o papel da imaginação e das experiências práticas no processo de aprendizagem. Assim, as escolas que seguem o modelo Waldorf só introduzem a tecnologia computacional depois da pré-adolescência. Devo ressaltar, no entanto, que aqui estou interessado tão somente nos efeitos que a tecnologia da informação e da comunicação tem sobre a curiosidade, e não na experiência educacional como um todo.

Como eu via bons argumentos dos dois lados dessa questão mais específica, decidi descobrir o que a cientista da cognição Jacqueline Gottlieb achava dela. "Posso ver os dois lados", ela me disse em uma conversa pelo Skype. "Por exemplo, sou uma pessoa muito curiosa, que tem o hábito de buscar informações, então uso a internet como uma ferramenta, e a acho extremamente útil."

Mesmo apesar de eu me sentir exatamente da mesma forma, pensei que deveria tentar defender o outro lado. "Sim, mas você cresceu sem essas ferramentas, então talvez já tenha tido a oportunidade de se tornar curiosa", sugeri.

Gottlieb respondeu: "Talvez. Mas a curiosidade vem principalmente do interior do seu cérebro — do quão motivado você é para aprender e como aprende. Se você tem um elevado grau de curiosidade proveniente de dentro, a internet não vai mudar isso. Talvez a internet faça uma diferença para aqueles que não são particularmente curiosos de dentro."

Após uma rápida pausa, ela acrescentou: "Se as escolas motivarem seus alunos a aprender, não acredito que a curiosidade deles possa ser adversamente afetada pela internet."

Imagino que esse tópico vá continuar intrigando educadores e psicólogos pelo menos por alguns anos (até décadas). Além disso, com a probabilidade de a inteligência tornar-se mais proeminente no futuro (vide, por exemplo, minha entrevista com Martin Rees no capítulo 8), esse debate pode tomar uma direção completamente diferente. Independentemente dos seus efeitos sobre a curiosidade em geral, contudo, a internet não pode eliminar a curiosidade epistêmica que promove o progresso científico. A ciência é impelida pela curiosidade em relação às perguntas para as quais não sabemos as respostas, e essas são precisamente as perguntas cujas respostas não conseguimos encontrar na internet.

Não me esqueci do romance de Twain. Lembremos que a protagonista está em apuros, quando parece que, para se salvar da acusação de ser o pai do filho de lady Constance, ela precisa revelar que, na verdade, é uma mulher, assim condenando-se à morte por ter se sentado no proibido trono ducal. Como proponho salvá-la? Eis uma saída: O lorde de Klugenstein não poderia ter adivinhado que lady Constance engravidaria quando mandou o conde Detzin seduzi-la. Tampouco poderia contar com o conde Detzin para testemunhar que a seduzira, já que, ao fazê-lo, Detzin selaria o próprio destino. Para que seu plano traiçoeiro de manchar a reputação de lady Constance funcionasse, o lorde de Klugenstein precisaria garantir que alguém no palácio ducal (talvez uma criada ou um guarda) observasse às escondidas a sedução e estivesse preparado para confirmá-la. Essa testemunha poderia salvar a jovem Conrad sem que ela tivesse que revelar seu sexo.

Acho que todos concordariam que, se Twain tivesse terminado seu conto com essa conclusão, a história seria muito menos encantadora (apesar do final feliz). Ao nos deixar eternamente curiosos, o autor produziu um efeito assombrosamente memorável.

O advogado e matemático do século XVII Pierre de Fermat realizou um feito muito mais espetacular ao escrever laconicamente à margem de sua cópia do livro *Aritmética*: "Descobri uma prova verdadeiramente notável que esta margem é pequena demais para conter." A prova, que Fermat com certeza não tinha, deveria ser para o que ficou conhecido como "Teorema de Fermat" — o teorema mais famoso da teoria dos números.[13] A intrigante observação de Fermat inspirou muitas gerações de matemáticos curiosos a se esforçarem sem sucesso para encontrar uma prova geral. O teorema foi enfim completamente provado pelo matemático britânico Andrew Wiles, e os dois artigos apresentando a prova (um dos quais tem como coautor o matemático Richard Taylor) foram publicados em 1995. A curiosidade gerada pela observação marginal de Fermat deu início a uma grande jornada matemática que durou 358 anos.

Espero que eu tenha conseguido demonstrar com sucesso que uma pessoa curiosa é alguém por quem pouca coisa passa despercebida. Ao abandonar a pretensão dogmática do conhecimento que caracterizou a humanidade na Idade Média e substituí-la pela curiosidade, conseguimos abrir as portas para inspirar um novo estilo de vida. Dizem que a curiosidade é contagiosa. Se for verdade, o meu conselho é: *vamos transformá-la em uma epidemia*. Como disse Leonardo cinco séculos atrás: "A ignorância cega nos engana. Ah! mortais desgraçados, abri vossos olhos!"

Notas

1. Curioso

1. A primeira publicação da história foi na *Vogue*, em 6 de dezembro de 1894, sob o título de "The Dream of an Hour" [O sonho de uma hora]. Chopin (1894).
2. Em "Valentine's Day" [Dia dos Namorados], um dos ensaios da coleção *Essays of Elia*, publicado na *London Magazine* entre 1820 e 1825.
3. Bateson (1973) e McEvoy & Plant (2014).
4. LeDoux (1998 e 2015) descreveu muitos de seus resultados sobre o medo e a surpresa em dois livros populares.
5. Berlyne publicou alguns artigos seminais (e.g. Berlyne, 1950, 1954a, 1954b, 1978) e um livro influente (Berlyne, 1960).
6. Em *O leviatã*, Hobbes escreveu "O *Desejo* de saber por que e como, curiosidade; tal como existe em nenhuma outra criatura viva além do homem; tal que o Homem distingue-se não apenas pela sua Razão; mas também pela sua Paixão singular dos outros *Animais*; nos quais o apetite e outros prazeres do Sentido, predominantemente, eliminam o interesse em conhecer as causas; que é uma Luxúria da mente, que, pela perseverança do prazer na produção contínua e infatigável de Conhecimento, excede a curta veemência de qualquer Prazer carnal" (Hobbes, 1651, parte 1, capítulo 6, p. 26).
7. Einstein escreveu em uma carta para Carl Seelig em 11 de março de 1952. Einstein Archives, Universidade Hebraica, 39-013. Seelig era um jornalista

e escritor suíço que publicou uma biografia de Einstein (*Albert Einstein und die Schweiz*) em 1952.
8. Zuckerman (1984) e Zuckerman & Litle (1985).
9. Um cientista britânico chamado George Parker Bidder jogou mais de mil dessas garrafas no mar para estudar as correntes oceânicas. Uma das garrafas foi encontrada 108 anos depois. Leia a história em: <http://www.cnn.com/2015/08/25/europe/uk-germany-message-in-a-bottle/>.
10. The Fulbright Commission for Summer Language Study [Comissão Fulbright para Estudo Linguístico de Verão] até deu ao senhor Shevlin uma bolsa para estudar na Irlanda. Leia a história em: <http://www.nytimes.com/2011/10/23/nyregion/character-study-ed-shevlin.html>.
11. Para uma descrição do evento, vinte anos depois, ver Levy (2014).
12. O quadro inspirou até mesmo um romance (Siegal, 2014).
13. Biederman & Vessel (2006).
14. Marco Túlio Cícero escreveu essa passagem no livro 5, volume 17, de *De Finibus Bonorum et Malorum* [*Sobre a finalidade do bem e do mal*] (Cícero, 1994, p. 449). Discutida também em Zuss (2012).
15. Esta citação está em "The Masked Philosopher" [O filósofo mascarado], entrevista com Christian Delacampagne para o *Le Monde*, 6 de abril de 1980. Foucault optou pela máscara do anonimato a fim de não influenciar os leitores com seu "nome". A entrevista aparece em Foucault (1997), onde algumas imprecisões na tradução original foram corrigidas.
16. Clark (1969, p. 135).
17. "The Feynman Series — Curiosity" [A série Feynman — Curiosidade], entrevista com Feynman: <https://www.youtube.com/watch?v=ImTmGLxPVyM>.
18. Um ponto de vista semelhante foi apresentado por Fritjof Capra em seu excelente livro *Learning from Leonardo* [*Aprendendo com Leonardo*] (Capra, 2013, p. 1).
19. Uma discussão fascinante baseada em quase 100 em Csikszentmihalyi (1996).
20. Você pode ver a sequência inteira de imagens capturadas após o impacto do primeiro fragmento em: <hubblesite.org/newscenter/archive/releases/1994/image/a/format/web_print/>.

2. Mais curioso

1. Vasari (1986, p. 91).
2. Leonardo expressou os mesmos sentimentos em diversas ocasiões, embora de formas levemente diferentes. Por exemplo, no manuscrito E, fólio 552, ele escreveu: "Minha intenção é citar primeiro a experiência." A citação também aparece em (Nuland, 2000).
3. Em Richter (1970); também disponível em: <https//en.wikisource.org/wiki/The_Notebooks_of_Leonardo_Da_Vinci>. Ver também MacCurdy (1958).
4. Vasari (1986, p. 91).
5. Os livros são listados em Reti (1972). A lista foi originalmente publicada em 1968 na *Burlington Magazine*, em Londres.
6. Giovio (1970).
7. Vasari (1986, p. 116) conta-nos que Leão X encomendou certo trabalho a Leonardo, que "de imediato começou a destilar óleos e ervas para produzir o verniz", o que provocou a reclamação do papa.
8. "A citação mais exata é: "Para desenvolver uma mente completa, Estude a ciência da arte; Estude a arte da ciência; Aprenda a ver; Perceba que tudo se conecta a tudo."
9. *A Última Ceia*: A pintura encontra-se no refeitório de Santa Maria delle Grazie, em Milão. Uma descrição valiosa dos vários elementos da pintura pode ser encontrada em Keele (1983, p. 24). Estes são livros inteiros dedicados à *Última Ceia*: Barcilon & Marani (2001) e King (2012).
10. Leonardo ficou com essa pintura em sua posse até morrer. Uma das melhores reproduções impressas é a de Zöllner (2007). Uma bela descrição e discussão sobre ela podem ser encontradas em Clark (1960).
11. Maravilhado e Curioso: Esse título foi retirado do poema "Tam O'Shanter", de Robert Burns (1759-1796).
12. No *Dictionary of Scientific Biography* [*Dicionário de biografias científicas*] de 2008 encontramos discussões soberbas de Kenneth Keele, Ladislao Reti, Marshall Clagett, Augusto Marinoni e Cecil Schneer sobre os estudos de Leonardo em anatomia e fisiologia, tecnologia e engenharia, mecânica, matemática e geologia (Gillispie, 2008). Extensas exposições também aparecem em Kemp (2006), Keele (1983), Galluzzi (2006), Capra (2013) e White (2000). Os estudos feitos por Leonardo sobre o cérebro são belamente descritos em Pevsner (2014).

13. Uma descrição muito detalhada pode ser encontrada em Hart 1961, e no artigo de Kenneth Keele em Gillispie (2008).
14. Encontramos uma bela coleção em Bambach (2003).
15. MacCurdy (1958) e Richter (1952).
16. Galileu (1960).
17. Em Nunberg (1961, p. 9). Ênfase do original.
18. Encontramos uma boa descrição em Ackerman (1969, p. 205).
19. O *Syracuse Post Standard* usou uma versão da frase em um artigo publicado em 28 de março de 1911. Aparentemente, o jornal estava citando seu editor, Arthur Brisbane, que disse durante uma conversa: "Use uma imagem. Ela vale mil palavras."
20. MacCurdy (1958, p. 100).
21. Alguns de seus livros mais importantes são Pedretti (1957, 1964 e 2005). Ele também é um dos coeditores da edição em fac-símile dos desenhos de Leonardo na coleção de Windsor, Clark & Pedretti (1968).
22. Em *Tratado de Pintura*, nº 55. Ver também Keele (1983, p. 131) para uma discussão sobre os métodos científicos de Leonardo.
23. Castelo de Windsor, Biblioteca Real, RL 12579r. Belamente reproduzido em Zöllner (2007, p. 525). Discutido em Gombrich (1969, p. 171).
24. Encontramos reproduções maravilhosamente detalhadas em Zöllner (2007). A pintura está na Galeria Nacional de Arte, em Washington D.C. (Alisa Mellon Bruce Fund, 1967).
25. Por exemplo, em *Tratado de pintura*, nº 15.
26. Encontramos uma discussão excelente no artigo de Keele em Gillispie (2008, p. 193).
27. Manuscrito Ashburnham (2038, fólio 6b, Paris, Institut de France).
28. Leonardo discutiu esses poderes relacionando-os a diversos tópicos, da operação do coração humano e do voo dos pássaros aos fluxos de água e várias máquinas. Por exemplo, no *Códice Madrid I*, 128v. Encontramos uma excelente discussão em Keele (1983, capítulo 4). Leonardo também escreveu sobre a gravidade, por exemplo: "A força da gravidade estende-se até o centro do mundo." No *Códice Atlântico*, fólio 246r-a.
29. Descrito em Kemp (2006).
30. Para uma análise divertida do trabalho de Leonardo na geometria curvilínea, ver Wills (1985).

31. *Coleção de Windsor*, fólio 19118v, em MacCurdy (1958, p. 85).
32. Leonardo (1996, folha 3B/fólio 34r).
33. No *Códice Atlântico*, fólio 281v-a.
34. McMurrich (1930).
35. Título tirado do poema "Now Sleeps the Crimson Petal" [Ora dorme a pétala rubra], de Tennyson (1809-1892).
36. Encontramos uma descrição detalhada e uma análise meticulosa dos estudos do coração humano feitos por Leonardo em Keele (1952).
37. Descrito em Zeldin (1994, p. 194).
38. Leonardo ligou a bolsa representando o ventrículo ao modelo de vidro e apertou a bolsa, fazendo a água passar pela válvula aórtica.
39. Leonardo pensava erroneamente que o impulso da percussão cardíaca esgotava-se completamente nas extremidades do corpo, então não tinha compreensão da circulação sanguínea.
40. Uma excelente descrição dos esforços de Leonardo pode ser encontrada em Zubov (1968).
41. Título tirado do poema "The Excursion" [A excursão], de Wordsworth (1770-1850).
42. No *Códice Atlântico*, 154 r.c. Há algumas traduções um pouco diferentes desse texto (e.g. MacCurdy, 1958, p. 64).
43. *Códice Forster*, II, fólio 92v.
44. Em Richter (1883, vol. 2, p. 395).
45. Em Schilpp (1949, "Notas autobiográficas").
46. Csikszentmihalyi (1996, capítulo 3).
47. Por exemplo, Freud (1916) e Farrell (1966). Uma acusação anônima de homossexualidade foi feita contra Leonardo em 1476, logo rejeitada.
48. As principais características do TDAH são descritas em: <http://www.russellbarkley.org/factsheets/adhd-facts.pdf>. Ver também *Diagnostic and Statistical Manual of Mental Disorders (DSM-5)* [*Manual diagnóstico e estatístico de transtornos mentais*], 2013, Associação Psiquiátrica Americana.
49. Entrevistada pelo autor em 7 de outubro de 2014.
50. Entrevistado pelo autor em 30 de outubro de 2014. O tópico da inteligência excepcional é analisado por Jung (2014).
51. Por exemplo, Wood et al. (2011) e Instanes et al. (2013).

52. Ver, por exemplo, Paloyelis et al. (2010, 2012) e Lynn et al. (2005).
53. Collins (1997).
54. Kac (1985, p. xxv).

3. E MAIS CURIOSO AINDA

1. Feynman conta essa história em Feynman (1988, p. 55).
2. Por exemplo, experiências descritas em Lange et al. (1995) e Riesen & Schnider (2001).
3. Os flexágonos foram descobertos pelo matemático britânico Arthur Harold Stone em 1939, quando ele estudava na Universidade de Princeton. Junto aos colegas de graduação Bryant Tuckerman e Richard Feynman, e ao orientador de matemática John Tukey, eles formaram o "Comitê do Flexágono de Princeton".
4. Ele fez um trabalho pioneiro na computação quântica (e.g. Feynman, 1985a).
5. Descrito em J. H. Zorthian, "We Both Admired Leonardo" [Nós dois admirávamos Leonardo], em Feynman (1995a, p. 49).
6. Em Feynman (1985, p. 261).
7. No *Códice Forster* III 44v. Leonardo fez uma declaração ainda mais forte: "O pintor compete e rivaliza com natureza" (Macurdy 1958, p. 913).
8. Citação do fisiologista francês Claude Bernard (1813-1878), em *Bulletin of New York Academy of Medicine* [Boletim da Academia de Medicina de Nova York], vol. 4 (1928), p. 997.
9. Feynman (1985, p. 263).
10. Feynman et al. (1964, vol. 1, exposição 3, "The Relation of Physics to Other Sciences" [A relação da física com outras ciências]; seções 3-4, "Astronomy"). Disponível em: <http:www.feynmanlectures.caltech.edu>.
11. A citação está em "Lamia", parte 2, linha 234. O poema foi escrito em 1819 e publicado em 1820. Ele pode ser encontrado em: <http://www.bartleby.com/126/37.html>.
12. Na observação de Blake sobre a gravura *Laocoön*. O texto pode ser encontrado em: <http://www.betatesters.com/penn/laocoon.htm>.
13. Em Feynman et al. (1964, vol. 1, exposição 3, "The Relation of Physics to Other Sciences" [A relação da física com outras ciências], seções 3-4).
14. Também aparece em Feynman (1995a, p. 27).

15. Zorthian em Sykes (1994, p. 104). Feynman tinha a reputação de ser um conquistador, e talvez ocasionalmente até sexista. Aliás, a arquivista Judith Goodstein e o físico David Goodstein, ambos do Caltech, sugeriram que incluíssemos as mulheres como uma das áreas de interesse de Feynman. Caso verdadeiras, essas características de Feynman são condenáveis. Este capítulo, contudo, não tem como intuito ser uma ampla biografia de Feynman. Seu objetivo é demonstrar que ele, sem dúvida, foi a pessoa mais curiosa que já viveu. Um excelente artigo que aborda os supostos aspectos da sua personalidade que mereceriam censura é Lipman (1999).
16. Conversa com o autor em 3 de novembro de 2014.
17. Kathleen McAlpine-Myers em Sykes (1994, p. 110).
18. Galluzzi fez uma palestra intitulada "The Shadow of Light: Leonardo's Mind by Candlelight" [A sombra da luz: a mente de Leonardo à luz de uma vela], em 30 de março de 2011, na Academia Italiana, Nova York. A palestra pode ser encontrada em: <italianacademy.columbia.edu/event/shadow-light-leonardos-mind-by-candlelight>.
19. Feynman introduziu esses diagramas em uma pequena reunião científica na primavera de 1948. A história dos diagramas e seu uso na física é excelentemente contada em Kaiser (2005). Para uma perspicaz descrição da conexão entre a física e a beleza das ideias sobre a natureza, ver Wilczek (2015). Ver também Feynman (1985b).
20. A medida mais precisa do momento magnético do elétron pode ser encontrada em Hanneke et al. (2008). Para uma breve discussão do resultado, ver: <gabrielse.physics.harvard.edu/gabrielse/resume.html>.
21. Em Gleick (1992, p. 244).
22. Brevemente resumido em Feynman et al. (1964, vol. 1, exposição 3).
23. É interessante que um conceito introduzido por Feynman na computação quântica (conhecido como "portão de Feynman") tenha sido posto em prática através da integração do DNA com o óxido de grafeno (e.g. Zhou et al., 2015).
24. A correspondência é reproduzida em Feynman (2005, p. 245-248).
25. Em Feynman (2001, p. 27). O próprio Feynman atribuiu a história a Arthur Eddington. Entretanto, Eddington foi quacre desde sempre, e nunca se casou, o que deu origem à especulação de que a história pode descrever Houtermans.

26. Zorthian, citado, por exemplo, em William W. Coventry, "A Brief History of Lives in Science" [Uma breve história das vidas na ciência], disponível em: <wcoventry0.tripod.com/id24.htm>. Gell-Mann também se queixou de que Feynman "despendia muito tempo e energia na produção de anedotas sobre si mesmo".
27. Citação em Gleick (1992, "Epilogue" [Epílogo]).
28. Conversa com o autor em 11 de dezembro de 2014.
29. Em uma palestra intitulada "There's Plenty of Room at the Bottom" [Há bastante espaço no fundo], feita em 29 de dezembro de 1959 na reunião atual da Sociedade Americana de Física. Publicada pela primeira vez na *Engineering and Science*, 23:5, fevereiro de 1960, 22. Disponível em: <http://www.zyvex.com/nanotech/feynman.html>. Feynman ofereceu outro prêmio por um motor elétrico giratório que tivesse um volume cúbico de 1/64 polegadas. O prêmio foi reclamado por William McLellan.
30. Sua história é contada em um artigo intitulado "Tiny Tale Gets Grand" [Pequeno conto torna-se grandioso], *Engineering & Science*, janeiro de 1986, p. 25.
31. A experiência é apresentada em Tan et al. (2014).
32. Ver o artigo de 2015 "World's Smallest Bible Would Fit on the Tip of a Pen" [A menor Bíblia do mundo caberia na ponta de uma caneta] em: <http://www.cnn.com/2015/07/06/middleeast/israel-worlds-smallest-bible/>.
33. Em Sykes (1994, p. 253).
34. Em Sykes (1994, p. 254), apenas a primeira parte da frase é apresentada. Uma versão um pouco diferente das últimas palavras de Feynman pode ser encontrada em Gleick (1992, p. 438): "Eu detestaria morrer duas vezes. É um tédio." Joan Feynman insistiu em uma conversa com o autor que a versão aqui apresentada é a correta.
35. Citação em Clark (1975, p. 157).
36. No *Códice Atlântico*, 252, r.a. A citação pode ser encontrada em MacCurdy (1958, p. 65).

4. Curioso sobre a curiosidade: lacuna da informação

1. Silvia (2012).
2. Spielberger & Starr (1994).
3. Dennett (1991, p. 21-22).

4. Kidd & Hayden (2015) apresentam uma ótima análise de algumas das questões envolvidas na definição da curiosidade.
5. Schulz estudou como crianças pequenas reagem a esse tipo de situação. Ver, por exemplo, Cook et al. (2011), Muentener et al. (2012) e Bonawitz et al. (2011).
6. Ver: <https://www.statista.com/statistics/398166/us-instagram-user-age-distribution/>.
7. Além de seu livro seminal (1960), Berlyne escreveu uma série de artigos muito influentes. Por exemplo, sobre o *interesse* (1949), sobre a *novidade* (1950), sobre a *curiosidade perceptiva* (1957) e sobre *complexidade e novidade* (1958). Para um artigo sobre a *curiosidade específica*, ver Day (1971).
8. Um obituário muito bonito de Berlyne está em Konečni (1978). Ver também: <htttp://www.psych.utoronto.ca/users/furedy/daniel_berlyne.htm>.
9. Em Day (1977).
10. Konečni (1978).
11. William James foi um gigante da filosofia que ajudou a lançar a base para muitas ideias do século XX. Seu trabalho na psicologia é resumido em James 1890. Sua discussão sobre a curiosidade científica encontra-se no volume 2. Ele estabeleceu uma distinção entre a curiosidade científica e o misto emocional de excitação e ansiedade associado à exploração de coisas novas. Em termos modernos, essa distinção poderia corresponder à diferença entre a curiosidade epistemológica e, talvez, uma fusão entre a curiosidade perceptiva e a curiosidade diversificada.
12. O artigo de Loewenstein (1994) inspirou grande parte das pesquisas modernas sobre a curiosidade.
13. A relação entre o conhecimento e a curiosidade já havia sido investigada (e.g. Jones, 1979; Loewenstein et al., 1992).
14. Para os mais inclinados à matemática, a incerteza é quantificada pela entropia, ou $-\sum_{i=1}^{n} p_i \log_2 p_i$, onde p representa a probabilidade do resultado i.
15. Por exemplo, Litman & Jimerson (2004) e Kang et al. (2009). Ver também Deci & Ryan (2000) sobre as necessidades humanas.
16. Loewenstein (1994), Loewenstein et al. (1992), Eysenck (1979), Litman et al. (2005) e Hart (1965).
17. Ver, por exemplo, para uma discussão, Silvia (2006).

18. O leitor é guiado de um estado de alto nível de incerteza a um de baixo nível de incerteza. Ver discussão em Gottlieb et al. (2013).
19. Emberson et al. (2010).
20. Uma excelente discussão pode ser encontrada em Gottlieb et al. 2013. Basicamente, precisamos acomodar novas informações ao nosso quadro estabelecido do mundo. Ver também Beswick (1971).
21. Ver, por exemplo, Litman (2005), Kashdan & Silvia (2009, capítulo 34) e Spielberger & Starr (1994).
22. Ainley (2007).
23. Wilson et al. (2005).
24. Keats cunhou essa expressão em uma carta aos irmãos de 21 de dezembro de 1817. A carta aparece em Keats (2015). Todas as cartas de Keats para familiares e amigos podem ser encontradas em um e-book gratuito, *Letters of John Keats to His Family and Friends* [Cartas de John Keats para seus familiares e amigos], editado por Sidney Colain.
25. Em Unger (2004, p. 279).
26. Por exemplo, em Dewey (2005, p. 33).
27. Disponível em: <classics.mit.edu/Plato/meno.html>. Discutido em Inan (2012, p. 16).
28. Pode ser vista no YouTube em: <https://www.youtube.com/watch?veq GiPelOikQuk>.
29. Premiação anual da British Plain English Campaign.
30. Berlyne (1970, 1971) e Sluckin et al. (1980). Discutido, por exemplo, em Silvia (2006), Edwards (1999, p. 399-402) e Lawrence & Nohria (2002, p. 109-114). Uma extensa discussão mais popular pode ser encontrada em Leslie (2014).
31. Wundt (1832-1920) às vezes é chamado de "pai da psicologia experimental". Sua curva é apresentada em Wundt (1874).
32. Berlyne (1971).
33. Como discutiremos mais tarde, há evidências de que a curiosidade ativa o sistema dopaminérgico, principal circuito de recompensa do cérebro (e.g. Redgrave et al., 2008; Bromberg-Martin & Hikosaka, 2009).
34. LeDoux (2015).
35. Essa foi a conclusão em Silvia (2006).

5. Curioso sobre a curiosidade: o amor intrínseco pelo conhecimento

1. Discutido, por exemplo, em Ryan & Deci (2000), Silvia (2012) e Kashdan (2004).
2. Spielberger & Starr (1994).
3. Litman (2005). Litman continuou examinando a hipótese da i-curiosidade e da p-curiosidade em uma série de experimentos e estudos, como Litman & Silvia (2006), Litman & Mussel (2013) e Piotrowski et al. (2014).
4. Belamente apresentada em uma proposta de 2015 intitulada "Understanding Curiosity: Behavioral, Computational and Neuronal Mechanisms" [Entendendo a curiosidade: mecanismos comportamentais, computacionais e neuronais], que os autores tiveram a bondade de disponibilizar. Conduzi entrevistas com Gottlieb em 27 de agosto de 2014 e em 20 de janeiro de 2016, e com Celeste Kidd em 2 de junho de 2015. Ver também Risko et al. (2012).
5. Explicado, por exemplo, em McCrae & John (1992).
6. Eles aparecem em quase todos os manuais de psicologia. Ver Schacter et al. (2014). Uma das versões originais é Costa & McCrae (1992). Desde então, surgiu uma série de versões atualizadas, entre as quais NEO Five-Factor Inventory-3 [Inventário de cinco fatores NEO-3], publicada em 2010.
7. Ver Oudeyer & Kaplan (2007) a respeito da motivação intrínseca.
8. As experiências e seus resultados são descritos em Baranes et al. (2014). A questão geral da exploração autônoma é apresentada em Gottlieb et al. (2013).
9. Acredita-se que o papel da motivação intrínseca em geral tem permitido o desenvolvimento de um repertório de habilidades. A motivação intrínseca baseada no conhecimento e a motivação intrínseca baseada na competência são discutidas em Mirolli & Baldassarre (2013, p. 49).
10. Belamente apresentado por Laura Schulz em sua palestra no TED, "The Surprisingly Logical Minds of Babies" [As mentes surpreendentemente lógicas dos bebês]: <https://www.ted.com/talks/laura_schulz_the_surprisingly_logical_minds_of_babies?Language=en>. Também em conversa com o autor em 25 de junho de 2012.
11. Uma entrevista maravilhosa com Spelke foi publicada no *New York Times* (Angier, 2012). Também em conversa com o autor em junho de 2012.

12. McCrink & Spelke (2016).
13. Lee et al. (2012) e Winkler-Rhoades et al. (2013).
14. Por exemplo, Kinzler et al. (2012) e Shutts et al. (2011).
15. Uma experiência extensa com o intuito de entender o desenvolvimento inicial da mente está sendo conduzida no "Babylab" em Birkbeck, Universidade de Londres, onde estão monitorando o cérebro e o comportamento de bebês ao longo de um período de dois anos e meio. Descrita em Geddes (2015).
16. Kidd et al. (2012). Também em conversa com o autor em 2 de junho de 2015.
17. Schulz & Bonawitz (2007).
18. Por exemplo, Gweon & Schulz (2011). Ver também Schulz (2012). Experiências conduzidas por Azzurra Ruggeri e colaboradores mostraram que até crianças pequenas adotam estratégias de investigação que aumentam a eficiência da obtenção de informações. Ruggeri & Lombrozo (2015).
19. Um dos primeiros estudos modernos sobre a motivação foi feito por White (1959). Uma excelente descrição do impulso evolucionário para a construção da estrutura causal encontra-se em (Gopnik, 2000).
20. Baraff Bonawitz et al. (2012).
21. Por exemplo, Giambra et al. (1992) e Zuckerman et al. (1978).

6. Curioso sobre a curiosidade: neurociência

1. Para uma descrição da técnica, ver, por exemplo: <http://www.ndcn.ox.ac.uk/divisions/fmrib/what-is-fmri/introduction-to-fmri>.
2. Isso é profissionalmente denominado "resposta hemodinâmica"
3. Kang et al. (2009).
4. Foi descoberto, por exemplo, que a conectividade funcional entre o córtex pré-frontal e o sistema de recompensa é maior nos apostadores patológicos (e.g. Koehler et al., 2013).
5. Outros estudos também demonstraram que os estados motivacionais associados à antecipação da recompensa (que a curiosidade desencadeia) podem promover o aumento da memória. Por exemplo, Wittman et al. (2011), Shohamy & Adcock (2010) e Murayama & Kuhbandner (2011).
6. Uma conversa com o autor ocorreu em 4 de fevereiro de 2016. Os resultados do seu estudo foram publicados em Jepma et al. (2012).

7. O córtex cingulado anterior e o lobo da ínsula. Mais sobre o papel do córtex cingulado anterior em situações de conflito pode ser encontrado, por exemplo, em Van Veen et al. (2001).
8. Regiões estriadas, como o núcleo caudado esquerdo, o putâmen e o núcleo accumbens. Uma boa descrição dos mecanismos de recompensa pode ser encontrada em Cohen & Blum (2002).
9. Muito bem resumido em uma proposta intitulada "Understanding Curiosity: Behavioral, Computational and Neuronal Mechanisms" [Entendendo a curiosidade: mecanismos comportamentais, computacionais e neuronais], gentilmente disponibilizada pela autora J. Gottlieb.
10. Gruber et al. (2014).
11. Entrevista com Lecia Bushak para o *Medical Daily*, 2 de outubro de 2014: <http://www.medicaldaily.com/how-curiosity-enhances-brain-and-stimulates-reward-system-improve-learning-and-memory-306121>.
12. Anderson & Yantis (2013).
13. Blanchard et al. (2015). Ver também Stalnaker et al. (2015) para um exame crítico dos papéis propostos para o córtex frontal orbital.
14. Voss et al. (2011).
15. Nesse caso, a força da onda em um dado ponto muda com o tempo (Alexander et al., 2015).
16. Open Science Collaboration (2015).
17. Gilbert et al. (2016). Esses pesquisadores afirmam que sua análise "invalida completamente" as conclusões do the Reproducibility Project. Entretanto, Anderson et al. (2016) contra-argumentaram que as análises de Gilbert et al. dependem de suposições seletivas. Outra reavaliação estatística pode ser encontrada em Etz & Vanderkerckhove (2016).
18. Kaplan & Oudeyer (2007).
19. Tavor et al. (2016).
20. Alguns avanços também foram feitos no nível molecular. Cientistas descobriram que o aumento da proteína sensora de cálcio-1 no giro denteado de camundongos aumenta o comportamento exploratório e a memória (e.g. Saab et al., 2009). Ornitologistas descobriram que variantes do gene DRD4 podem provocar um forte comportamento exploratório em pássaros canoros (e.g. Fidler et al., 2007).
21. Discutido em Kahneman (2011, p. 67-70).

7. Breve história da origem da curiosidade humana

1. Há muitos livros excelentes sobre o cérebro e a mente em um nível científico popular. Alguns exemplos são Eagleman (2015) e Carter (2014), sobre a estrutura do cérebro; Pinker (1997), sobre como a mente funciona. Gregory (1987) é uma extensa compilação de conceitos relacionados ao cérebro e à mente. Introduções muito concisas podem ser encontradas em O'Shea (2005) e Encyclopaedia Britannica (2008).
2. Alguns dos artigos que descrevem seu trabalho: Herculano-Houzel (2010, 2011 e 2012a), Herculano-Houzel & Lent (2005), Herculano-Houzel et al. (2007 e 2014). Para um relato popular e amplo dos tamanhos do cérebro, do número de neurônios e das leis de potência, ver Herculano-Houzel (2016).
3. Herculano-Houzel et al. (2007).
4. A massa como função do número de neurônios é uma lei de potência com expoente 1,7.
5. Roth & Dicke (2005). Eles mediram a inteligência através da complexidade comportamental. Os pesquisadores concluíram que a inteligência estava relacionada também à velocidade da atividade neural, para a qual há uma expectativa de aumento de acordo com o grau de proximidade dos neurônios.
6. Povinelli & Dunphy-Lelii (2001).
7. Wang et al. (2015).
8. Modelos detalhados de tempo-estimativa podem ser encontrados em Lehmann et al. (2008).
9. Explicado em Fonseca-Azevedo & Herculano-Houzel (2012) e descrito em termos populares em Herculano-Houzel (2016).
10. A história de Lucy é contada com detalhes em Johanson & Wong (2009) e Johanson & Edy (1981). Muitos outros livros incluem a descoberta de Lucy e suas implicações. Por exemplo, Tomkins (1998), Mlodinow (2015) e Stringer (2011).
11. Discutido em todos os textos sobre a evolução humana. Ver, por exemplo, Steudel-Numbers (2006) e Van Arsdale (2013).
12. Bailey & Geary (2009), Coqueugniot et al. (2004) e extensamente discutido em Herculano-Houzel (2016).
13. Wrangham (2009).

14. Aiello & Wheeler (1995) argumentaram que os *homininis* em algum momento começaram a consumir mais energia para a operação do cérebro do que para a barriga, mantendo a proporção de consumo mais ou menos constante. Ver também Isler & van Schaik (2009).
15. Bellomo (1994), Berna et al. (2012) e Gowlett et al. (1981).
16. Goren-Inbar et al. (2004).
17. C. Loring Brace sugere que o fogo tem sido usado sistematicamente para o cozimento há menos de 200 mil anos. Ver também a discussão em Dunbar (2014) e uma breve descrição em Gibbons (2007).
18. Dunbar (2014).
19. Há uma grande variedade de pontos de vista sobre a origem e a evolução da linguagem humana. Análises podem ser encontradas em Carstairs-McCarthy (2001) e Tallerman & Gibson (2012). Teorias específicas são discutidas em Jungers et al. (2003) e Deacon (1995). O papel em potencial do gene FOXP2 é discutido em Enard et al. (2002). A interação entre os linguistas teóricos e os neurocientistas da cognição é discutida em Moro (2008).
20. Esse ponto de vista é defendido por muitos estudiosos da atualidade, e é bela e envolventemente descrito em Pinker (1994). De forma brilhante, Pinker apresenta a linguagem como um instinto.
21. Sugestão do influente linguista Noam Chomsky. Ver, por exemplo, Chomsky (1988, 1991 e 2011). Chomsky argumenta que o cérebro humano é equipado por uma gramática universal.
22. Dunbar (1996 e 2014).
23. Angier (2012).
24. Um vídeo fantástico do trabalho do pesquisador Jack Gallant e seus colaboradores pode ser visto em: <https://www.youtube.com/watch?v=k6lnJkx5aDQ>.
25. Rappaport (1999).
26. Power (2000).
27. Henshelwood et al. (2011).
28. Para breves relatos originais e populares da história da civilização humana, ver Harari (2015) e Mlodinow (2015).
29. Dois livros clássicos sobre as revoluções científicas e as mudanças de paradigma associadas a elas são Kuhn (1962) e Cohen (1985). Uma perspectiva mais recente é Wootton (2015).

8. Mentes curiosas

1. Das memórias do editor William Miller, citado na revista *Life*, 2 de maio de 1955.
2. O *New York Times* publicou um perfil de Dyson intitulado "The Civil Heretic" [O herege civil] (de Nicholas Dawidoff) em 25 de março de 2009. Uma biografia de Dyson é Schewe (2013).
3. A entrevista foi feita em 30 de julho de 2014, após uma troca de e-mails.
4. Dyson (2006, p. 7).
5. A *Air & Space Magazine* publicou uma entrevista (de Diane Tedeschi) com Story Musgrave em agosto de 2010. O título do artigo é "Veteran Astronaut Story Musgrave: The Only Person to Fly on All Five Space Shuttle Orbiters" [Astronauta veterano Story Musgrave: a única pessoa a voar em todos os cinco ônibus espaciais].
6. Entrevista realizada em 7 de agosto de 2014.
7. Existem vários livros sobre Chomsky e suas ideias, entre os quais Harman (1974), d'Agostino (1986), Otero (1994) e um que achei especialmente útil, McGilvray (2005).
8. Seu último livro, *Who rules the world?* [Quem manda no mundo?], foi lançado [em sua edição original] em 10 de maio de 2016.
9. A troca de e-mails ocorreu em 6 de julho de 2014.
10. Wang et al. (2015).
11. Entrevista realizada em 24 de setembro de 2015. A revista *Forbes* incluiu Gianotti tanto na lista de 2015 como na de 2016 das "100 mulheres mais poderosas do mundo".
12. A expressão "partícula de Deus" foi cunhada pelo físico Leon Lederman, mas nem mesmo Peter Higgs, o homenageado no batismo do bóson de Higgs, gosta dela. A descoberta do bóson de Higgs após quarenta anos de pesquisa foi um dos marcos mais importantes da ciência em décadas. A descoberta foi belamente documentada em Carroll (2012) e Randall (2013); e no documentário *Particle Fever*, produzido por Mark Levinson, David Kaplan, Andrea Miller, Carla Solomon e Wendy Sax.
13. Entrevistei lorde Rees em 25 de outubro de 2015. Seus livros populares de ciência incluem *Our final hour* [Hora final], *Just six numbers* [Apenas seis minutos], *Before the beginning* [Antes do começo].

14. Em uma palestra no TED, Rees descreveu a cosmologia e o que considera os desafios da humanidade para o próximo século: <http://www.ted.com/talks/martin_rees_asks_is_this_our_final_century>. Também explicou esses riscos em Rees (2003).
15. Entrevista realizada em 19 de novembro de 2015. Uma breve biografia de May pode ser encontrada em http://brianmay.com/brian/blog.html.
16. Um artigo sobre a paixão de May pode ser encontrado em <http://www.theguardian.com/artanddesign/2014/oct/20/brian-may-stereo-victorian-3d-photos-tate-britain-queen>.
17. Ver Livio & Silk (2016) para uma breve descrição desse trabalho.
18. Por exemplo, James Flynn, pesquisador de ciências políticas da Nova Zelândia, demonstrou que as pontuações de inteligência estavam mudando consideravelmente de uma geração para outra, e que os modelos precisavam ser frequentemente alterados (Flynn, 1984, 1987; Neisser, 1998).
19. Entrevista conduzida por e-mail em 3 de setembro de 2015. Vários jornais e revistas publicaram artigos sobre Vos Savant. Por exemplo, "Meet the World's Smartest Person" [Conheça a pessoa mais inteligente do mundo], de Mary T. Schmich, foi publicado no *Chicago Tribune* em 29 de setembro de 1985. Outro: "Is a High IQ a Burden As Much As a Blessing?" [Um QI elevado é tanto um fardo quanto uma bênção?], de Sam Knight, no *Financial Times* (10 de abril de 2009), pode ser encontrado em: <http://www2.sunysuffolk.edu.kasiuka/materials/54/savant.pdf>.
20. Heidegger (2000, p. 307) continuou: "Aqueles que idolatram os 'fatos' jamais se dão conta de que seus ídolos só brilham sob uma luz emprestada."
21. Entrevista realizada em 3 de setembro de 2015. Uma biografia intelectual de Horner pode ser encontrada em: <mtprof.msun.edeu/Spr2004/horner.html>. Sua palestra de 2011 no TED encontra-se em: <http://www.ted.com/talks/jack_horner_shape_shifting_dinosaurs?language=en>.
22. Randall (2015) apresenta uma especulação original que conecta extinções em massa na Terra à natureza da matéria escura.
23. Muniz (2005, p. 12).
24. Entrevista realizada em 17 de fevereiro de 2016. Ver La Force (2016) para um artigo sobre Muniz.
25. O trailer oficial pode ser visto em: <https://www.youtube.com/watch?v=sNIwh8vT2NU>.

26. Em *The Rambler*, n. 103, 12 de março de 1751, disponível em Electronic Text Center, University of Virginia Library.
27. Ver, por exemplo, o obituário de Prigogine (Petrosky, 2003).
28. Lin (2014).

9. Por que a curiosidade?

1. Casanova (1922).
2. Alguns livros recentes abordam diversos aspectos da curiosidade. Ball (2013) discute, particularmente, o surgimento da ciência moderna. Manguel (2015) examina a curiosidade da perspectiva de vários pensadores, como Dante, David Hume e Lewis Carroll. Leslie (2014) defende o cultivo da curiosidade à vista do que considera um perigo trazido pela internet. Grazer & Fishman (2015) descrevem as experiências pessoais de Grazer que levaram à produção de celebrados filmes e programas de TV.
3. Uma descrição excelente pode ser encontrada em Bouchard et al. (1990). Para um histórico geral sobre as influências hereditárias e ambientais, ver Bouchard (1998) e Plomin (1999).
4. Bouchard (2004).
5. Uma discussão interessante pode ser encontrada em Asbury & Plomin (2013).
6. Uma descrição soberba da história da "indagação" pode ser encontrada em Daston & Park (1998). Uma discussão interessante encontra-se em Goodman (1984).
7. Seu verdadeiro nome era Osborne Henry Mavor. Ele serviu como médico na Primeira Guerra Mundial. A citação é da peça *Mr. Bolfry*.
8. Uma imagem da formação rochosa pode ser encontrada no artigo da Wikipédia "Lot's Wife" [A mulher de Ló].
9. Eclesiastes 3:23 (Bíblia Ave Maria).
10. Para uma ampla discussão da preocupação com a curiosidade no raiar da França (e da Alemanha) moderna, ver Kenny (2004).
11. A transformação é belamente discutida em Kenny (2004), Blumenberg (1982), Ball (2013) e resumida com maestria em Daston (2005). Hannam (2011) argumenta que talvez até a Idade Média não tenha sido um período de tantas trevas como geralmente descrito.

12. Outro resumo fascinante da mudança da atitude em relação à curiosidade encontra-se em Zeldin (1994), capítulo 11. Para uma biografia relativamente recente de Descartes, ver Grayling (2005).
13. Uma descrição clara e perspicaz da vida e do trabalho de Browne é Aldersey--Williams (2015).
14. Duas biografias interessantes de Humboldt: Helferich (2004) e McCrory (2010).
15. De Terra (1955).
16. Von Humboldt (1997).
17. Zeldin (1994, p. 198).
18. Uma discussão interessante sobre a curiosidade nos contos de fadas encontra-se em Rigol (1994).
19. Em 1598, na peça de Ben Jonson *Every Man in His Humour* [Cada homem em seu humor]. Também na de Shakespeare *Muito barulho por nada*.
20. A expressão foi impressa pela primeira vez em *Handbook of Proverbs* [Manual de provérbios], de James Allan Mair, 1873, versão que pode ser encontrada na Amazon.com.
21. Em 2014, a Neue Galerie, em Nova York, organizou uma exibição especial que reuniu as obras de arte da exibição de 1937, juntamente com fotos, filmes e documentos. Catálogo da exibição: Peters (2014).
22. A história de Malala foi contada em Yousafzai & Lamb (2013).
23. Zeldin (1994, p. 191).
24. Nabokov (1990, p. 46).
25. Stephens (1912, p. 9).
26. Richard & Berridge (2011).
27. Feynman (1988, p. 14).
28. Como parte de seus conselhos sobre como cultivar uma vida criativa, Csikszentmihalyi (1996, p. 347) também sugere surpreender e ser surpreendido.
29. Por exemplo, Rossing & Long (1981).
30. Ver, por exemplo, Kashdan & Roberts (2004). A relação entre o envolvimento e a curiosidade também foi estudada por Mikulincer (1997).

Epílogo

1. A publicação original foi sob o título "An Awful Terrible Medieval Romance" [Um romance medieval incrivelmente terrível], e saiu no *Buffalo*

Express em 1º de janeiro de 1870. Em 1875, ele foi publicado com o título "A Medieval Romance" [Um romance medieval] em *Sketches, New and Old*, de Mark Twain.
2. Para uma análise e interpretação, ver Baldanza (1961) e Wilson (1987).
3. Wolfe (1998).
4. Mencionado em *The Bonfire of the Vanities* [*A fogueira das vaidades*] e no ensaio de não ficção em *Hooking up*.
5. A perplexidade e a "confusão" geradas pela peça são bem apresentadas em Atkinson (1956).
6. James (1884).
7. A história da curiosidade do final do século XVII ao início do século XIX é maravilhosamente descrita no abrangente estudo de Benedict (2001). Um compêndio belamente escrito e conciso de várias emoções (inclusive a curiosidade) e reações humanas encontra-se em Watts Smith (2015).
8. Discutida e quantificada com uma escala de busca por sensações em Zuckerman (1984) e Zuckerman & Litle (1985).
9. Capítulo 2 de Jung (1951).
10. Ponto de vista sugerido por Aristóteles, que disse que os humanos "gostam de contemplar as imagens mais precisas de coisas cuja visão é dolorosa para nós", citado em O'Connor (2014). Ver também Zuckerman & Litle (1985) e Kant (2006).
11. Ver Egan et al. (2005) para um estudo transcultural.
12. Grande parte do material vazado por Snowden foi publicado no *Guardian*, na Grã-Bretanha, e no *Washington Post*. A National Public Radio postou um artigo curto apresentando os principais fatos: <http://www.mpr.org/sections/parallels/2013/10/23/240239062/five-things-to-know-about-the-nsas-surveillance-activities>.
13. A fantástica história do último teorema de Fermat é contada em Singh (1997) e Aczel (1997).

Bibliografia

Ackerman, J. 1969. "Concluding Remarks: Science and Art in the Work of Leonardo", em *Leonardo's Legacy: An International Symposium*, ed. C. O. O'Malley (Berkeley: University of California Press).

Aczel, A. D. 1997. *O último teorema de Fermat* (Gradiva).

Aiello, L. C. & Wheeler, P. 1995. "The Expensive Tissue Hypothesis: The Brain and the Digestive System in Human Evolution", *Current Anthropology*, 36, 199.

Ainley, M. 2007. "Being and Feeling Interested: Transient State, Mood, and Disposition", em *Emotion in Education*, ed. P. A. Schutz & R. Pekrun (Burlington, MA: Academic Press).

Aldersey-Williams, H. 2015. *In Search of Sir Thomas Browne: The Life and Afterlife of the Seventeenth Century's Most Inquiring Mind* (Nova York: Norton).

Alexander, D. M., Trengove, C., & van Leeuwen, C. 2015. "Donders Is Dead: Cortical Traveling Waves and the Limits of Mental Chronometry in Cognitive Neuroscience", *Cog. Process.*, 16(4), 365.

Anderson, B. A. & Yantis, S. 2013. "Persistence of Value-Driven Attentional Capture", *J. Exp. Psychol. Hum. Percept. Perform*, 39(1), 6.

Anderson, C. J., et al. 2016. "Response to Comment on 'Estimating the Reproducibility of Psychological Science'", *Science*, 351, 1037b.

Angier, N. 2012. "Insights from the Youngest Minds", 1º de maio, *New York Times*, www.nytimes/com/2012/05/01/science/insights/in-human-knowledge-from-the-minds-of-babes.html?_r=0.

Asbury, K. & Plomin, R. 2013. *G Is for Genes: The Impact of Genetics on Education and Achievement* (Hoboken, NJ: Wiley-Blackwell).

Atkinson, B. 1956. "Beckett's 'Waiting for Godot'", *New York Times*, 20 de abril, https://www.nytimes.com/books/97/08/03/reviews/beckett-godot.html.

Bailey, D. & Geary, D. 2009. "Human Brain Evolution", *Human Nature*, 20, 67.

Baldanza, F. 1961, *Mark Twain: An Introduction and Interpretation* (Nova York: Barnes & Noble).

Ball, P. 2013. *Curiosity: How Science Became Interested in Everything* (Chicago: University of Chicago Press).

Bambach, C. C. 2003. *Leonardo da Vinci: Master Draftsman* (Nova York: Metropolitan Museum of Art).

Baraff Bonawitz, E., van Schijndel, T. J. P., Friel, D., & Schulz, L. 2012. "Children Balance Theories and Evidence in Exploration, Explanation, and Learning", *Cognitive Psychology*, 64, 215.

Baranes, A. F., Oudeyer, P.-Y., & Gottlieb, J. 2014. "The Effects of Task Difficulty, Novelty and the Size of the Search Space on Intrinsically Motivated Exploration", *Front. Neurosci.*, 8, 317.

Barcilon, P. B. & Marani, P. C. 2001. *Leonardo: The Last Supper*, trad. Harlow Tighe (Chicago: University of Chicago Press).

Bateson, G. 1973. *Steps to an Ecology of Mind* (Londres: Paladin).

Bellomo, R. V. 1994. "Methods of Determining Early Hominid Behavioral Activities Associated with the Controlled Use of Fire at FxJj20 Main, Koobi Fora, Kenya", *Journal of Human Evolution*, 27, 173.

Benedict, B. M. 2001. *Curiosity: A Cultural History of Early Modern Inquiry* (Chicago: University of Chicago Press).

Berlyne, D. E. 1949. "Interest as a Psychological Concept", *British Journal of Psychology*, 39, 184.

Berlyne, D. E., 1950. "Novelty and Curiosity as Determinants of Exploratory Behavior", *British Journal of Psychology*, 41, 68.

Berlyne, D. E. 1954a. "A Theory of Human Curiosity", *British Journal of Psychology*, 45, 180.

Berlyne, D. E. 1954b. "An Experimental Study of Human Curiosity", *British Journal of Psychology*, 45, 256.

Berlyne, D. E. 1957. "Determinants of Human Perceptual Curiosity", *Journal of Experimental Psychology*, 53, 399.

Berlyne, D. E. 1958. "The Influence of Complexity and Novelty in Visual Figures on Orienting Responses", *Journal of Experimental Psychology*, 55, 289.

Berlyne, D. E. 1960. *Conflict, Arousal and Curiosity* (Nova York: McGraw-Hill).
Berlyne, D. E. 1966. "Curiosity and Exploration", *Science*, 153, 25.
Berlyne, D. E. 1970. "Novelty, Complexity and Hedonic Value", *Perception and Psychophysics*, 8, 279.
Berlyne, D. E. 1971. *Aesthetics and Psychobiology* (Nova York: Appleton-Century-Crofts).
Berlyne, D. E. 1978. "Curiosity and Learning", *Motivation and Emotion*, 2, 97.
Berna, F., et al. 2012. "Microstrategraphic Evidence of in Sita Fire in the Acheulean Strata of Wonderwerk Cave, Northern Cape Province, South Africa," *Proc. of the Natl. Acad. of Sci.*, EUA, 109, E1215.
Beswick, D. G. 1971. "Cognitive Process Theory of Individual Differences in Curiosity", em *Intrinsic Motivation: A New Direction in Education*, ed. H. I. Day, D. E. Berlyne, & D. E. Hunt (Toronto: Holt, Rinehart and Winston).
Biederman, I. & Vessel, E. A. 2006. "Perceptual Pleasure and the Brain", *American Scientist*, 94, 249.
Blanchard, T. C., Hayden, B. Y., & Bromberg-Martin, E. S. 2015. "Orbitofrontal Cortex Uses Distinct Codes for Different Choice Attributes in Decisions Motivated by Curiosity", *Neuron*, 85(3), 602.
Blumenberg, H. 1987. *The Genesis of the Copernican World*, trad. R. M. Wallace (Cambridge, MA: MIT Press).
Bonawitz, E., et al. 2011. "The Double-Edged Sword of Pedagoga: Instruction Limits Spontaneous Exploration and Discovery", *Cognition*, 120, 322.
Bouchard, T. J. 1998. "Genetic and Environmental Influences on Adult Intelligence and Special Mental Abilities", *Human Biology*, 70, 257.
Bouchard, T. J., et al. 1990. "Sources of Human Psychological Differences: The Minnesota Study of Twins Reared Apart", *Science*, 250, 223.
Bouchard Jr., T. J. 2004. "Genetic Influence on Human Psychological Traits", *Current Directions in Psychological Science*, 13(4), 148.
Bromberg-Martin, E. S. & Hikosaka, O. 2009. "Midbrain Dopamine Neuron Signal Preference for Advance Information about Upcoming Rewards", *Neuron*, 63, 119.
Capra, F. 2013. *Learning from Leonardo: Decoding the Notebooks of a Genius* (São Francisco: Berelt-Koehler).
Carroll, S. 2012. *A Partícula no fim do universo: como a caça ao bóson de Higgs nos levou ao limiar* (Gradiva).

Carstairs-McCarthy, A. 2001. "Origins of Language", em *The Handbook of Linguistics*, ed. M. Aromoff & J. Rees-Miller (Oxford: Blackwell).

Carter, R. 2014. *The human brain book*, 2ª edição (New York: DK Publishing) [Edição brasileira: *O livro do cérebro* (Agir; Casa dos Livros)].

Casanova, G. 1922. *The Memoirs of Giacomo Casanova Di Seingalt*. Trad. A. Machen (London: The Casanova Society), vol. 7 [Edição brasileira: *Memórias de Giacomo Casanova Di Seingalt* (José Olympio)].

Chomsky, N. 1988. *Language and Problems of Knowledge: The Managua Lectures* (Cambridge, MA: MIT Press).

Chomsky, N. 1991. "Linguistics and Cognitive Science: Problems and Mysteries", em *The Chomskyan Turn*, ed. A. Kasher (Oxford: Blackwell).

Chomsky, N. 2011. "Language and Other Cognitive Systems: What Is Special about Language?", *Language Learning and Development*, 7(4), 263.

Chopin, K. 1894. "The Story of an Hour", Kate Chopin International Society, www.katechopin.org/story-hour/.

Cícero. 1994. *Cicero: De Finibus Bonorum et Malorum*, trad. H. Rackham (Cambridge, RU: Cambridge University Press).

Clark, K. 1960. "Leonardo da Vinci: The Virgin with St. Anne", em *Looking at Pictures* (Nova York: Holt, Rinehard and Winston).

Clark, K. 1969. *Civilisation: A Personal View* (New York: Harper & Row). [Edição brasileira: *Civilização: uma visão pessoal* (Martins Fontes).

Clark, K. 1975. *Leonardo da Vinci: An Account of His Development As An Artist* (Londres: Penguin Books).

Clark, K. & Pedretti, C. (eds.). 1968. *The Drawings of Leonardo da Vinci in the Collection of Her Majesty the Queen*, 3 vols. (Londres: Phaidon).

Clayton, M. 2012. "Leonardo's Anatomy Years", *Nature*, 484, 314.

Cohen, I. B. 1985. *Revolution in Science* (Cambridge, MA: Belknap Press of Harvard University Press).

Cohen, J. D. & Blum, K. I. 2002. "Overview: Award and Decision". Introdução da publicação especial, *Neuron*, 36(2), 193.

Collins, B. 1997. *Leonardo, Psychoanalysis, and Art History: A Critical Study of Psychobiographical Approaches to Leonardo da Vinci* (Evanston, IL: Northwestern University Press).

Cook, C., Goodman, N. D., & Schulz, L. E. 2011. "Where Science Starts: Spontaneous Experiments in Preschoolers' Exploratory Play", *Cognition*, 120, 341.

Coqueugniot, H., Hublen, J.-J., Veillon, F., Honët, F., & Jacob, T. 2004. "Early Brain Growth in Homo Erectus and Implications for Cognitive Ability", *Nature*, 431, 299.

Costa Jr., P. T. & McCrae, R. R. 1992. *Revised NEO Personality Inventory (NEO PI-R) and NEO Five-Factor Inventory (NEO-FFI): Professional Manual* (Odessa, FL: Psychological Assessment Resources).

Csikszentmihalyi, M. 1996. *Creativity: Flow and the Psychology of Discovery and Invention* (Nova York: Harper Collins).

D'Agostino, F. 1986. *Chomsky's System of Ideas* (Oxford: Oxford University Press).

Daston, L. 2005. "All Curls and Pearls", *London Review of Books*, 27(12), 37.

Daston, L. J. & Park, K. 1998. *Wonders and the Order of Nature 1150-1750* (Nova York: Zone Books).

Day, H. I. 1971. "The Measurement of Specific Curiosity", em *Intrinsic Motivation: A New Direction in Education*, ed. H. I. Day, D. E., Berlyne, & D. E. Hunt (Nova York: Holt, Rinehart & Winston).

Day, H. I. 1977. "Daniel Ellis Berlyne (1924-1976)", *Motivation and Emotion*, 1(4), 377.

de Terra, H. 1955. *Humboldt* (Nova York: Knopf).

Deacon, T. W. 1995. *The Symbolic Species: The Coevolution of Language and the Human Brain* (Harmondsworth, RU: Allen Lane).

Deci, E. L. & Ryan, R. M. 2000. "The 'What' and 'Why' of Goal Pursuits: Human Needs and the Self-Determination of Behavior", *Psychological Inquiry*, 11(4), 227.

Dennett, D. C. 1991. *Consciousness Explained* (Boston: Little, Brown).

Dewey, J. 2005. *Art as experience* (New York: Perigee). Originalmente publicado em 1934. [Edição brasileira: *Arte como experiência* (Martins Fontes).]

Dunbar, R. 1996. *Grooming, Gossip and the Evolution of Language* (Londres: Faber and Faber).

Dunbar, R. 2014. *Human Evolution* (Londres: Pelican).

Dyson, F. 2006. *The Scientist as Rebel* (Nova York: New York Review of Books).

Dyson, G. 2012. *Turing's Cathedral: The Origins of the Digital Universe* (Londres: Allen Lane).

Eagleman, D. 2015. *The Brain: The Story of You* (Nova York: Pantheon).

Edwards, D. C. 1999. *Motivation and Emotion: Evolutionary, Physiological, Cognitive, and Social Influences* (Thousand Oaks, CA: Sage).

Egan, V., et al. 2005. "Sensational Interests, Mating Effort, and Personality: Evidence for Cross-Cultural Validity", *Journal of Individual Differences*, 26(1), 11.

Emberson, L. L., Lupyan, G., Goldstein, M. H., & Spivy, M. J. 2010. "Overheard Cell-Phone Conversations: When Less Speech Is More Distracting", *Psychological Science*, 21(10), 1383.

Enard, W., et al. 2002. "Molecular Evolution of FOXP2, a Gene Involved in Speech and Language", *Nature*, 418, 869.

Encyclopaedia Britannica. 2008. *The Britannica Guide to the Brain: A Guided Tour of the Brain—Mind, Memory and Intelligence* (Londres: Robinson).

Etz, A. & Vanderkerckhove, J. 2016. "A Bayesian Perspective on the Reproducibility Project: Psychology", *PLoS ONE*, 11(2): e 0149794.

Eysenck, M. W. 1979. "The Feeling of Knowing a Word's Meaning", *British Journal of Psychology*, 70, 243.

Farrell, B. 1966. "On Freud's Study of Leonardo", em *Leonardo da Vinci: Aspects of the Renaissance Genius*, ed. M. Philipson (Nova York: George Braziller).

Feynman, M. 1995a. *The Art of Richard P. Feynman: Images by a Curious Character* (Nova York: Routledge).

Feynman, M. (compilação). 1995b. *The Art of Richard P. Feynman: Images by a Curious Character* (Basel: G&B Science).

Feynman, R. P. 1985. "Surely You're Joking Mr. Feynman!", in *Adventures of a Curious Character*, ed. Edward Hutchings (Nova York: Norton).

Feynman, R. P. 1985a. "Quantum Mechanical Computers", *Optics News*, 11, 11.

Feynman, R. P. 1985b. *QED: The Strange Theory of Light and Matter* (Princeton, NJ: Princeton University Press) [Edição brasileira: *QED: a estranha teoria da luz e da matéria* (Gradiva)].

Feynman, R. P. 1988. *What Do You Care What Other People Think? Further Adventures of a Curious Character*, ed. Ralph Leighton (Nova York: Norton).

Feynman, R. P. 2001. *What Do You Care What Other People Think? Further Adventures of a Curious Character*, conforme contado a Ralph Leighton (Nova York: Norton).

Feynman, R. P. 2005. *Perfectly Reasonable Deviations (From the Beaten Track)*, ed. M. Feynman, prefácio de Timothy Ferris (Nova York: Basic Books).

Feynman, R. P., Leighton, R. B., & Sands, M. 1964. *Feynman Lectures on Physics* (Nova York: Addison Wesley).

Fidler, A. E., et al. 2007. "Drd4 Gene Polymorphisms Are Associated with Personality Variation in a Passerine Bird", *Proc. of the Royal Society London B.*, 2 de maio.

Flynn, J. R. 1984. "The Mean IQ of Americans: Massive Gains 1932 to 1978", *Psychological Bulletin*, 95(1), 29.

Flynn, J. R. 1987. "Massive IQ Gains in 14 Nations: What IQ Tests Really Measure", *Psychological Bulletin*, 101(2), 171.

Fonseca-Azevedo, K. & Herculano-Houzel, S. 2012. "Metabolic Constraint Imposes Tradeoff between Body Size and Number of Brain Neurons in Human Evolution", *PNAS*, 109(45), 18571.

Foucault, M. 1997. *Ethics: Subjectivity and Truth*, ed. Paul Rabinow (Nova York: New Press).

Freud, S. 1916. *Leonardo da Vinci: A Psychosexual Study of an Infantile Reminiscence*, trad. A. A. Brill (Nova York: Moffat, Yard).

Galileo, 1960. *The Assayer* [*Il Saggiatore*], em *The Controversy on the Comets of 1618*, trad. S. Drake & C. D. O'Malley (Filadélfia: University of Pennsylvania Press).

Galluzzi, P. (ed.). 2006. *The Mind of Leonardo: The Universal Genius at Work*, trad. C. Frost & J. M. Reifsnyder (Florença: Giventi).

Geddes, L. 2015. "The Big Baby Experiment", *Nature*, 527, 22.

Gerges, F. A. 2016. *ISIS: A History* (Princeton, NJ: Princeton University Press).

Giambra, L. M., Camp, C. J., & Grodsky, A. 1992, "Curiosity and Stimulation Seeking across the Adult Life Span: Cross-Sectional and 6- to 8-Year Longitudinal Findings", *Psychology and Aging*, 7(1), 150.

Gibbons, A. 2007. "Food for Thought: Did the First Cooked Meals Help Fuel the Dramatic Evolutionary Expansion of the Human Brain?", *Science*, 316, 1558.

Gilbert, D. T., King, G., Pettigrew, S., & Wilson, T. D. 2016. "Comment on 'Estimating the Reproducibility of Psychological Science'", *Science*, 351, 1037.

Gillispie, C. C. (ed.). 2008. *Dictionary of Scientific Biography* (Nova York: Charles Scribner's Sons).

Giovio, P. 1970. *Leonardo Vincii Vita*, reproduzido em J. P. Richter & I. A. Richter, *The Literary Works of Leonardo da Vinci*, 3ª ed., v. 1 (Londres: Phaidon).

Gleick, J. 1992. *Genius: The Life and Science of Richard Feynman* (Nova York: Pantheon).

Gombrich, E. H. 1969. "The Form of Movement in Water and in Air", em *Leonardo's Legacy: An International Symposium*, ed. C. D. O'Malley (Berkeley: University of California Press).

Goodman, N. 1984. *Of Mind and Other Matters* (Cambridge, MA: Harvard University Press).

Gopnik, A. 2000. "Explanation as Orgasm and the Drive for Causal Understanding: The Evolution, Function and Phenomenology of the Theory-Formation System", em F. Keil & R. Wilson (Eds.), *Cognition and Explanation* (Cambridge, MA: MIT Press).

Goren-Inbar, N., Alperson, N., Kislev, M. E., Simcroni, O., Melamed, Y., Ben-Nun, A., & Werker, E. 2004. "Evidence of Hominin Control of Fire at Gesher Benot Ya'aqov, Israel", *Science*, 304(5671), 725.

Gottlieb, J., Oedeyer, P.-Y., Lopes, M., & Baranes, A. 2013. "Information-Seeking, Curiosity, and Attention: Computational and Neural Mechanisms", *Trends in Cognitive Sciences*, 17(11), 585.

Gowlett, J. A. J., et al. 1981. "Early Archaeological Sites, Hominid Remains and Traces of Fire from Chesowanja, Kenya", *Nature*, 294, 125.

Grayling, A. C. 2005. *Descartes: The Life and Times of a Genius* (Nova York: Walker).

Grazer, B. & Fishman, C. 2015. *A Curious Mind: The Secret to a Bigger Life* (New York: Simon & Schuster) [Edição brasileira: *Uma mente curiosa: o segredo para uma vida brilhante* (Citadel)].

Gregory, R. L. (ed.). 1987. *The Oxford Companion to the Mind* (Oxford: Oxford University Press).

Gruber, M. J., Gelman, B. D., & Ranganath, C. 2014. "States of Curiosity Modulate Hippocampus-Dependent Learning via the Dopaminergic Circuit", *Neuron*, 84(2), 486.

Gweon, H. & Schulz, L. E. 2011. "16-Month-Olds Rationally Infer Causes of Failed Actions", *Science*, 332, 1524.

Hannam, J. 2011. *The Genesis of Science: How the Christian Middle Ages Launched the Scientific Revolution* (Washington, DC: Regnery).

Hanneke, D., Fogwell, S., & Gabrielse, G. 2008. "New Measurement of the Electron Magnetic Moment and the Fine Structure Constant", *Physical Review Letters*, 100, 120801.

Harari, Y. N. 2015. *Sapiens: A Brief History of Humankind* (New York: Harper Collins). [Edição brasileira: *Sapiens: Uma breve história da humanidade* (L&PM).]

Harman, G. (ed.). 1974. *On Noam Chomsky: Critical Essays* (Nova York: Anchor Press).

Hart, I. B. 1961. *The World of Leonardo da Vinci: Man of Science, Engineer and Dreamer of Flight* (Nova York: Viking).

Hart, J. T. 1965. "Memory and the Feeling-of-Knowing Experience", *Journal of Educational Psychology*, 56, 208.

Heidegger, M. 2000. *Contributions to Philosophy*, trad. P. Emad & K. Maly (Bloomington: Indiana University Press).

Helferich, G. 2004. *Humboldt's Cosmos: Alexander von Humboldt and the Latin American Journey That Changed the Way We See the World* (New York: Gothan Books). [Edição brasileira: *O cosmos de Humboldt* (Objetiva).]

Henshelwood, C. S., et al. 2011. "A 100,000-Year-Old Ochre-Processing Workshop at Blombos Cave, South Africa", *Science*, 334, 219.

Herculano-Houzel, S. 2009. "The Human Brain in Numbers: A Linearly Scaled-Up Primate Brain", *Frontiers in Human Neuroscience*, 3, 31.

Herculano-Houzel, S. 2010. "Coordinated Scaling of Cortical Cerebellar Number of Neurons". *Frontiers in Neuroanatomy*, 4, 12.

Herculano-Houzel, S. 2011. "Not All Brains Are Made the Same: New Views on Brain Scaling in Evolution", *Brain Behav. Evol.*, 78, 22.

Herculano-Houzel, S. 2012a. "Neuronal Scaling Rules for Primate Brains: The Primate Advantage", *Prog. Brain Res.*, 195, 325.

Herculano-Houzel, S. 2012b. "The Remarkable, yet Not Extraordinary, Human Brain as a Scaled-up Primate Brain and Its Associated Cost", *PNAS*, 109 (suppl. 1), 10661.

Herculano-Houzel, S. 2016. *The Human Advantage: A New Understanding of How Our Brain Became Remarkable* (Cambridge, MA: MIT Press).

Herculano-Houzel, S., Collins, L. E., Wong, P., & Kaas, J. H. 2007. "Cellular Scaling Rules for Primate Brains", *Proc. Natl. Acad. Sci. USA*, 104, 3562.

Herculano-Houzel, S. & Lent, R. 2005. "Isotropic Fractionator: A Simple Rapid Method for the Quantification of Total Cell and Neuron Numbers in the Brain", *J. Neurosci.*, 25, 2518.

Herculano-Houzel, S., Manger, P. R., & Kaas, J. H. 2014. "Brain Scaling in Mammalian Brain Evolution as a Consequence of Concerted and Mosaic Changes in Number of Neurons and Average Neuronal Cell Size", *Front. Neuroanat.*, 8, 77.

Hobbes, T. 1651. *Leviathan*, Online Library of Liberty, oll.libertyfund.org/titles/869.

Huron, D. 2006. *Sweet Anticipation: Music and the Psychology of Expectation* (Cambridge, MA: MIT Press).

Inan, I. 2012. *The Philosophy of Curiosity* (Nova York: Routledge).

Instanes, J. T., Haavik, J., & Halmøy, A. 2013. "Personality Traits and Comorbidity in Adults with ADHD", *Journal of Attention Disorder*, Nov 22.

Isler, K. & van Schaik, C. P. 2009. "The Expensive Brain: A Framework for Explaining Evolutionary Changes in Brain Size", *J. Hum. Evol.*, 57, 392.

James H. 1884. "The Art of Fiction", *Longman's Magazine*, 4 (setembro), public. wsu.edu/~campbelld/amlit/artfiction.html.

James, W. 1890. *The Principles of Psychology*, American Science Series, Advanced Course, 2 vol. (Nova York: Holt), https://ebooks.adelaide.edu.au/j/james/william/principles/index.html.

Jepma, M., et al. 2012. "Neural Mechanisms Underlying the Induction and Relief of Perceptual Curiosity", *Frontiers in Behavioral Neuroscience*, 6, 5.

Johanson, D. C. & Edy, M. A. 1981. *Lucy: The Beginnings of Humankind* (New York: Simon & Schuster). [Edição brasileira: *Lucy: os primórdios da humanidade* (Bertrand Brasil).]

Johanson, D. C. & Wong, K. 2009. *Lucy's Legacy: The Quest for Human Origins* (Nova York: Crown).

Jones, S. 1979. "Curiosity and Knowledge", *Psychological Reports*, 45, 639.

Jung, C. 1959. *Aion: Researchers into the Phenomenology of the Self*, em *The Collected Works of C. G. Jung*, trad. R. F. C. Hull, vol. 9, parte 2 (Princeton, NJ: Princeton University Press).

Jung, R. E. 2014. "Evolution, Creativity, Intelligence, and Madness: 'Here Be Dragons'", *Frontiers in Psychology*, 5, artigo 784, 1.

Jungers, W. L., et al. 2003. "Hypoglossal Canal Size in Living Hominoids and the Evolution of Human Speech", *Human Biology*, 75, 473.

Kac, M. 1985. *Enigmas of Chance: An Autobiography* (Nova York: Harper Collins).

Kahneman, D. 2011. *Thinking, Fast and Slow* (New York: Farrar, Straus and Giroux). [Edição brasileira: *Rápido e devagar: duas formas de pensar* (Objetiva).]

Kaiser, D. 2005. "Physics and Feynman's Diagrams", *American Scientist*, 93, 156.

Kandel, E. R. 2012. *The Age of Insight: The Quest to Understand the Unconscious in Art, Mind, and Brain* (Nova York: Random House).

Kang, M. J., et al. 2009. "The Wick in the Candle of Learning: Epistemic Curiosity Activates Reward Circuitry and Enhances Memory", *Psychol. Sci.*, 20(8), 963.

Kant, I. 2006. *Anthropology from a Pragmatic Point of View*, trad. R. B. Louden (Cambridge, RU: Cambridge University Press).

Kaplan, F. & Oudeyer, P.-Y. 2007. "In Search of the Neural Circuits of Intrinsic Motivation", *Front. Neurosci.*, 1(1), 225.

Kashdan, T. B. 2004. "Curiosity", em *Character Strengths and Virtues*, ed. C. Peterson & M. E. P. Selegman (Nova York: Oxford University Press).

Kashdan, T. B. & Roberts, J. E. 2004. "Trait and State Curiosity in the Genesis of Intimacy: Differentiation from Related Constructs", *Journal of Social and Clinical Psychology*, 23(6), 792.

Kashdan, T. B. & Silvia, P. J. 2009. "Curiosity and Interest: The Benefits of Thriving on Novelty and Challenge", em *The Oxford Handbook of Positive Psychology*, ed. S. J. Lopez & L. R. Snyder (Oxford: Oxford University Press).

Keats, J. 2015. *Selected Letters*, ed. John Barnard (Londres: Penguin Classics).

Keele, K. D. 1983. *Leonardo da Vinci's Elements of the Science of Man* (Nova York: Academic Press).

Kemp, M. 2006. *Seen/Unseen: Art, Science and Intuition from Leonardo to the Hubble Telescope* (Oxford: Oxford University Press).

Kenny, N. 2004. *The Uses of Curiosity in Early Modern France and Germany* (Oxford: Oxford University Press).

Kidd, C. & Hayden, B. Y. 2015. "The Psychology and Neuroscience of Curiosity", *Neuron*, 88 (3) 499.

Kidd, C., Piantadosi, S. T., & Aslin, R. N. 2012. "The Goldilocks Effect: Human Infants Allocate Attention to Visual Sequences That Are Neither Too Simple nor Too Complex", *PLoS ONE* 7(5): e 36399.

King, R. 2012. *Leonardo and The Last Supper* (Nova York: Walker).

Kinzler, K. D., Shutts, K., & Spelke, E. S. 2012. "Language-Based Social Preferences among Children in South Africa", *Language Learning and Development*, 8, 215.

Koehler, S., Ovadia-Caro, S., van der Meer, E., Villringer, A., Heinz, A., Romanczuk-Seifereth, N., & Margulies, D. S. 2013. "Increased Functional

Connectivity between Prefrontal Cortex and Reward System", *PLoS ONE*, 8(12), e84565.

Konečni, V. J. 1978. "Daniel E. Berlyne 1924-1976", *American Journal of Psychology*, 91(1), 133.

Kuhn, T. S. 1992. *The Structure of Scientifi Revolutions* (Chicago: University of Chicago Press) [Edição brasileira: *A estrutura das revoluções científicas* (Perspectiva)].

La Force, T. 2016. "Master of Illusions", *Apollo*, 183(639), 46.

Lange, K. W., Tucha, O., Steup, A., Gsell, W., & Naumann, M. 1995. "Subjective Time Estimation in Parkinson's Disease", *J. Neural Transm Suppl.*, 46, 433.

Lawrence, P. R. & Nohria, N. 2002. *Driven: How Human Nature Shapes Our Choices* (São Francisco: Jossey-Bass).

LeDoux, J. 1998. *The Emotional Brain: The Mysterious Underpinnings of Emotional Life* (New York: Simon & Schuster). [Edição brasileira: *O cérebro emocional: os misteriosos alicerces da vida emocional* (Objetiva).]

LeDoux, J. 2015. *Anxious: Using the Brain to Understand and Treat Fear and Anxiety* (Nova York: Viking).

Lee, S. A., Winkler-Rhoades, N., & Spelke, E. S. 2012. "Spontaneous Reorientation Is Guided by Perceived Surface Distance", *PLoS ONE*, 7, e51373.

Lehmann, J., Korstjens, A. H., & Dunbar, R. I. M. 2008. "Time and Distribution: A Model of Ape Biogeography", *Ecology, Evolution and Ethology*, 20, 337.

Leonardo da Vinci. 1996. *Codex Leicester: A Masterpiece of Science*, ed. Claire Farago, com ensaios introdutórios de Martin Kemp, Owen Gingerich e Carlo Pedretti (Nova York: American Museum of Natural History).

Leslie, I. 2014. *Curious: The Desire to Know and Why Your Future Depends on It* (Nova York: Basic Books).

Levy, D. H. 2014. "Comet Shoemaker-Levy 9:20 years later", *Sky & Telescope*, 16 de julho, www.skyandtelescope.com/astronomy-news/comet-shoemaker-levy-9-20-years-later-07162014/.

Lin, T. 2014. "A 'Rebel' without a Ph.D.", *Quanta Magazine*, 26 de março de 2014, https://www.quantamagazine.org/20140326-a-rebel-without-a-ph-d/.

Lipman, J. C. 1999. "Finding the Real Feynman", *The Tech*, 119 (10), tech.mit.edu/V119/N10/col10lipman.10c.html.

Litman, J. A. 2005. "Curiosity and the Pleasure of Learning: Wanting and Liking New Information", *Cognition and Emotion*, 19(6), 793.

Litman, J. A. & Jimerson, T. L. 2004. "The Measurement of Curiosity as a Feeling of Deprivation", *Journal of Personality Assessment*, 82(2), 157.

Litman, J. A., Hutchins, T. L., & Russon, R. K. 2005. "Epistemic Curiosity, Feeling-of-Knowing, and Exploratory Behavior", *Condition and Emotion*, 19(4), 559.

Litman, J. A. & Silvia, P. 2006. "The Latent Structure of Trait Curiosity: Evidence for Interest and Deprivation Curiosity Dimensions", *Journal of Personality Assessment*, 86 (3), 318.

Litman, J. A. & Mussel, P. 2013. "Validity of the Interest-and Deprivation-Type Epistemic Curiosity Model in Germany", *Journal of Individual Differences*, 34(2), 59.

Livio, M. & Silk, J. 2016. "If There Are Aliens Out There, Where Are They?", *Scientific American*, 6 de janeiro www.scientificamerican.com/article/if--there-are-aliens-out-there-where-are-they/.

Locke, J. L. 2010. *Eavesdropping: An Intimate History* (Oxford: Oxford University Press).

Loewenstein, G. 1994. "The Psychology of Curiosity: A Review and Reinterpretation", *Psychological Bulletin*, 116(1), 75.

Loewenstein, G., Adler, D., Behrens, D., & Gilles, J. 1992. "Why Pandora Opened the Box: Curiosity Is a Desire for Missing Information", Working paper, Dept. of Social and Decision Sciences (Pittsburgh, PA: Carnegie Mellon University).

Lynn, D. E., et al. 2005. "Temperament and Character Profiles and the Dopamine D4 Receptor Gene in ADHD", *American Journal of Psychiatry*, 162, 906.

MacCurdy, E. 1958. *The Notebooks of Leonardo da Vinci* (Nova York: George Braziller).

Manguel, A. 2015. *Curiosity* (New Haven, CT: Yale University Press).

McCrae, R. R. & John, O. P. 1992. "An Introduction to the Five-Factor Model and Its Applications", *Journal of Personality*, 60(2), 175.

McCrink, K. & Spelke, E. S. 2016. "Non-Symbolic Division in Childhood", *Journal of Experimental Child Psychology*, 142, 66.

McCrory, D. 2010. *Nature's Interpreter: The Life and Times of Alexander von Humboldt* (Cambridge, RU: Lutterworth Press).

McEvoy, P. & Plant, R. 2014. "Dementia Care: Using Empathic Curiosity to Establish the Common Ground That Is Necessary for Meaningful Communication", *Journal of Psychiatric and Mental Health Nursing*, 21, 477.

McGilvray, J. (ed.). 2005. *The Cambridge Companion to Chomsky* (Cambridge, RU: Cambridge University Press).

McMurrich, J. P. 1930. *Leonardo da Vinci, the Anatomist (1452-1519)* (Baltimore: Williams & Wilkins).

Mikulincer, M. 1997. "Adult Attachment Style and Information Processing: Individual Differences in Curiosity and Cognitive Closure", *Journal of Personality and Social Psychology*, 72(5), 1217.

Mirolli, M. & Baldassarre, G. 2013. "Functions and Mechanisms of Intrinsic Motivations: The Knowledge versus Competence Distinction", em *Intrinsically Motivated Learning in Natural and Artificial Systems*, ed. G. Baldassarre & M. Morelli (Heidelberg: Springer).

Mlodinow, L. 2015. *The Upright Thinkers: The Human Journey from Living in Trees to Understanding the Cosmos* (Nova York: Pantheon).

Moro, A. 2008. *The Boundaries of Babel: The Brain and the Enigma of Impossible Languages*, trad. I. Caponigro & D. B. Kane (Cambridge, MA: MIT Press).

Muentener, P., Bonawitz, E., Horowitz, A., & Schulz, L. 2012. "Mind the Gap: Investigating Toddlers' Sensitivity to Contact Relations in Predictive Events", *PLOS ONE*, 7(4), e34061.

Muniz, V. 2005. *Reflex: A Vik Muniz Primer* (Nova York: Aperture).

Murayama, K. & Kuhbandner, C. 2011. "Money Enhances Memory Consolidation — But Only for Boring Material", *Cognition*, 119, 120.

Nabokov, V. 1990. *Bend Sinister* (Nova York: Vintage International).

Neisser, V. (ed.). 1998. *The Rising Curve: Long-Term Gains in IQ and Related Measures* (Washington, DC: American Psychological Association).

Nuland, S. B. 2001. *Leonardo da Vinci: A Life* (New York: Viking). [Edição brasileira: *Leonardo da Vinci* (Objetiva).]

Nunberg, H. 1961. *Curiosity* (Nova York: International Universities Press).

O'Connor, D. K. 2014. "Aristotle: Aesthetics", em *Routledge Companion to Ancient Philosophy*. Eds. J. Warren & F. Sheffield (Nova York: Routledge), p. 387.

Ollman, A. 2016. *Vik Muniz* (Munich: DelMonico Books).

Open Science Collaboration. 2015. "Estimating the Reproducibility of Psychological Science", *Science*, 349, aac4716.

O'Shea, M. 2010. *The Brain: A Very Short Introduction* (Oxford: Oxford University Press). [Edição brasileira: *Cérebro* (L&PM Pocket).]

Otero, C. (ed.). 1994. *Noam Chomsky: Critical Assessments*, vols. 1-4 (Londres: Routledge).

Oudeyer, P.-Y. & Kaplan, F. 2007. "What Is Intrinsic Motivation? A Typology of Computational Approaches", *Front. Neurobot.*, 1, 6.

Paloyelis, Y., Asherson, P., Mehta, M. A., Faraone, S. V., & Kuntsi, J. 2010. "DATI and COMT Effects on Delay Discounting and Trait Impulsivity in Male Adolescents with Attention Deficit/Hyperactivity Disorder and Healthy Controls", *Neuropsychopharmacology*, 1.

Paloyelis, Y., Mehta, M. A., Faraone, S. V., Asherson, P., & Kuntsi, J. 2012. "Striatal Sensitivity during Reward Processing in Attention Deficit/Hyperactivity Disorder", *Journal of the American Academy of Child & Adolescent Psychiatry*, 51(7), 722.

Pedretti, C. 1957. *Leonardo da Vinci: Fragments at Windsor Castle from the Codex Atlanticus* (Londres: Phaidon).

Pedretti, C. 1964. *Leonardo da Vinci on Painting: A Lost Book (Libro A)* (Berkeley: University of California Press).

Pedretti, C. 2005. *Leonardo da Vinci* (Charlotte, NC: Taj Books International).

Peters, O. (ed.). 2014. *Degenerate Art: The Attack on Modern Art in Nazi Germany 1937* (Munich: Prestel).

Petrosky, T. 2003. "Obituaries: Ilya Pregogine", *SIAM News*, 36(7), https://www.siam.org/pdf/news/352.pdf.

Pevsner, J. 2014. "Leonardo da Vinci, Neuroscientist", *Scientific American: Mind*, 23(1), 48.

Pinker, S. 2002. *O instinto da linguagem: como a mente cria a linguagem* (Martins Fontes).

Pinker, S. 2005. *The Language Instinct: How the Mind Creates the Gift of Language* (New York: William Morrow). [Edição brasileira: *Como a mente funciona* (Companhia das Letras).]

Piotrowski, J. T., Litman, J. A., & Valkinburg, P. 2014. "Measuring Epistemic Curiosity in Young Children", *Infant and Child Development*, 23, 542.

Plomin, R. 1999. "Genetics and General Cognitive Ability", *Nature*, 402 (6761 supl.), C25.

Plomin, R., et al. 2011. *Behavioral Genetics*, 6ª edição (London: Worth) *Genética do comportamento* (Artmed).

Povinelli, D. J. & Dunphy-Lelii, S. 2001. "Do Chimpanzees Seek Explanations? Preliminary Comparative Investigations", *Can. J. Exp. Psychol.*, 55(2), 185.

Power, C. 2000, "Secret Language Use at Female Initiation: Bounding Gossiping Communities", em *The Evolutionary Emergence of Language: Social Function and the Origins of Linguistic Form*, ed. C. Knight, M. Studdert-Kennedy, & J. R. Hurford (Cambridge, RU: Cambridge University Press).

Randall, L. 2013. *Higgs Discovery: The Power of Empty Space* (Nova York: Harper Collins).

Randall, L. 2015. *Dark Matter and the Dinosaurs: The Astounding Interconnectedness of the Universe* (Nova York: Ecco).

Rappaport, R. 1999. *Ritual and Religion in the Making of Humanity* (Cambridge, RU: Cambridge University Press).

Redgrave, P., et al. 2008. "What Is Reinforced by Phasic Dopamine Signals?", *Brain Res. Rev.*, 58, 322.

Rees, M. 2005. *Our Final Hour* (New York: Basic Books). [Edição brasileira: *Hora final: alerta de um cientista* (Companhia das Letras).]

Reti, L. 1972. *The Library of Leonardo Da Vinci* (Pasadena, CA: Castle Press).

Richard, J. M. & Berridge, K. C. 2011. "Nucleus Accumbens Dopamine/Glutamate Interaction Switches Modes to Generate Desire versus Dread: D1 Alone for Appetitive Eating but D1 and D2 Together for Fear", *Journal of Neuroscience*, 31(36) 12866.

Richter, I. A. (ed.). 1952. *The Notebooks of Leonardo da Vinci* (Nova York: Oxford University Press).

Richter, J. P. 1883. *The Literary Works of Leonardo da Vinci* (Londres: Simpson Low, Marston Searle & Rivington).

Richter, J. P. (ed.). 1970. *The Notebooks of Leonardo Da Vinci* (Mineola, NY: Dover).

Riesen, J. M. & Schnider, A. 2001. "Time Estimation in Parkinson's Disease: Normal Long Duration Estimation Despite Impaired Short Duration Discrimination", *J. Neurol*, 248(1), 27.

Rigol, R. M. 1994. "Fairy Tales and Curiosity: Exploratory Behavior in Literature for Children or the Futile Attempt to Keep Girls from the Spindle", em *Curiosity and Exploration*, ed. H. Keller, K. Schneider, & B. Henderson (Berlim: Springer Verlag).

Risko, E. F., Anderson, N. C., Lanthier, S., & Kingstone, A. 2012. "Curious Eyes: Individual Differences in Personality Predict Eye Movement Behavior in Scene-Viewing", *Cognition*, 122, 86.

Rossing, B. E. & Long, H. B. 1981. "Contributions of Curiosity and Relevance to Adult Learning Motivation", *Adult Education*, 32(1), 25.

Roth, G. & Dicke, U. 2005. "Evolution of the Brain and Intelligence", *Trends in Cognitive Sciences*, 9(5), 250.

Ruggeri, A. & Lombrozo, T. 2015. "Children Adapt Their Questions to Achieve Efficient Search", *Cognition*, 143, 203.

Ryan, R. & Deci, E. 2000. "Intrinsic and Extrinsic Motivation: Classical Definitions and New Directions", *Contemp. Educ. Psychol.*, 25, 54.

Saab, B. J., et al. 2009. "NCS-1 in the Dentate Gyrus Promotes Exploration, Synaptic Plasticity, and Rapid Acquisition of Spatial Memory", *Neuron*, 63(5), 643.

Schacter, D. L., Gilbert, D. T., Wegner, D. M., & Nock, M. K. 2014. *Psychology*, 3ª edição (Nova York: Worth).

Schewe, P. F. 2013. *Maverick Genius: The Pioneering Odyssey of Freeman Dyson* (Nova York: Thomas Dunne Books).

Schilpp, P. (ed.). 1949. *Albert Einstein: Philosopher-Scientist* (Evanston, IL: Library of Living Philosophers).

Schulz, L. 2012. "The Origins of Inquiry: Inductive Inferences and Exploration in Early Childhood", *Trends in Cognitive Sciences*, 16, 382.

Schulz, L. E. & Bonawitz, E. B. 2007. "Serious Fun: Preschoolers Engage in More Exploratory Play When Evidence Is Confounded", *Developmental Psychology*, 43(4), 1045.

Shohamy, D. & Adcock, R. A. 2010. "Dopamine and Adaptive Memory", *Trends in Cognitive Sciences*, 14, 464.

Shutts, K., et al. 2011. "Race Preferences in Children: Insights from South Africa", *Developmental Science*, 14:6, 1283.

Siegal, N. 2017. *The Anatomy Lesson* (New York: Nan A. Talese). [Edição brasileira: *A lição de anatomia* (Rocco).]

Silvia, P. J. 2006. *Exploring the Psychology of Interest* (Oxford: Oxford University Press).

Silvia, P. J. 2012. "Curiosity and Motivation", em *The Oxford Handbook of Human Motivation*, ed. Richard M. Ryan (Oxford: Oxford University Press).

Singh, S. 1997. *Fermat's Enigma: The Epic Quest to Solve the World's Greatest Mathematical Problem* (Nova York: Walker).

Sluckin, W., Colman, A. M., & Hargreaves, D. J. 1980. "Liking Words as a Function of the Experienced Frequency of Their Occurrence", *British Journal of Psychology*, 71, 163.

Spielberger, C. D. & Starr, L. M. 1994. "Curiosity and Exploratory Behavior", em *Motivation: Theory and Research*, ed. H. F. O'Neal Jr. & M. Drillings (Hillsdale, NJ: Erlbaum).

Stalnaker, T. A., Cooch, N. K., & Schoenbaum, G. 2015. "What the Orbitofrontal Cortex Does Not Do", *Nature Neuroscience*, 18, 620.

Stephens, J. 1912. *The Crock of Gold* (Londres: Macmillan), babel.hathitrust.org/cgi/pt?id=mdp.39015031308953;view=1up;seq21.

Steudel-Numbers, K. L. 2006. "Energetics in Homo Erectus and Other Early Hominins: The Consequences of Increased Lower-Limb Length", *Journal of Human Evolution*, 51, 445.

Stringer, C. 2011. *The Origin of Our Species* (Londres: Allen Lane).

Sykes, C. (ed.). 1994. *No Ordinary Genius: The Illustrated Richard Feynman* (Nova York: Norton).

Tallerman, M. & Gibson, K. R. (eds.). 2012. *The Oxford Handbook of Language Evolution* (Oxford: Oxford University Press).

Tan, S. J., et al. 2014. "Plasmonic Color Palettes for Photorealistic Printing with Aluminum Nanostructures", *Nano Lett.*, 14(7), 4023.

Tavor, I., et al. 2016. "Task-Free MRI Predicts Individual Differences in Brain Activity During Task Performance", *Science*, 352(6282), 216.

Tomkins, S. 1998. *The Origins of Humankind, Social Biology Topics* (Cambridge, RU: Cambridge University Press).

Unger, R. 2005. *False Necessity: Anti-Necessitarian Social Theory in the Service of Radical Democracy*, edição revisada (London: Verso). [Edição brasileira: *Necessidades falsas: introdução a uma teoria social antideterminista a serviço da democracia radical* (Boitempo).]

Van Arsdale, A. P. 2013. "Homo Erectus — A Bigger, Smarter, Faster Hominin Lineage", *Nature Education Knowledge*, 4(1), 2.

Van den Heuvel, M. P., et al. 2009. "Efficiency of Functional Brain Networks and Intellectual Performance", *Journal of Neuroscience*, 29(23), 7619.

Van Veen, V., Cohen, J. D., Botvinick, M. M., Stenger, V. A., & Carter, C. S. 2001. "Anterior Cingulate Cortex, Conflict Monitoring, and Levels of Processing", *Neuroimage*, 14, 1302.

Vasari, G. 1986. *The Great Masters*, trad. Gaston Du C. de Vere (Fairfield, CT: Hugh Lauter Levin Associates).

Von Humboldt, A. 1997. *Cosmos: A Sketch of the Physical Description of the Universe*, trad. E. C. Otté, introdução de N. A. Rupke, vols. 1 & 2 (Baltimore: Johns Hopkins University Press). Originalmente publicado em 1849.

Voss, J. L., Gonsalves, B. D., Federmeier, K. D., Tranel, D., & Cohen, N. J. 2011. "Hippocampal Brain-Network Coordination During Volitional Exploratory Behavior Enhances Learning", *Nature Neuroscience*, 14(1), 115.

Wang, L., Uhrig, L., Jarroya, B., & Dehaene, S. 2015. "Representation of Numerical and Sequential Patterns in Macaque and Human Brains", *Curr. Biol.*, 25(15), 1966.

Watts Smith, T. 2015. *The Book of Human Emotions: An Encyclopedia of Feeling from Anger to Wanderlust* (Londres: Profile Books).

White, M. 2002. *Leonardo: The First Scientist* (London: Little, Brown). [Edição brasileira: *Leonardo: O primeiro cientista* (Record).]

White, R. W. 1959. "Motivation Reconsidered: The Concept of Competence", *Psychology Review*, 66(5), 297.

Wilczek, F. 2015. *A Beautiful Question: Finding Nature's Deep Design* (Nova York: Penguin Press).

Wills III, H. 1985. *Leonardo's Dessert: No Pi* (Reston, VA: National Council of Teachers of Mathematics).

Wilson, J. D. 1987. *A Reader's Guide to the Short Stories of Mark Twain* (Boston: G. K. Hall).

Wilson, T. D., Centerlar, D. B., Kermer, D. A., & Gilbert, D. T. 2005. "The Pleasure of Uncertainty: Prolonging Positive Moods in Ways People Do Not Anticipate", *Journal of Personality and Social Psychology*, 88(1), 5.

Winkler-Rhoades, N., Carey, S., & Spelke, E. S. 2013. "Two-Year-Old Children Interpret Abstract, Purely Geometric Maps", *Developmental Science*, 16, 365.

Wittman, B. C., Dolan, R. J., & Düzel, E. 2011. "Behavioral Specifications of Reward-Associated Long-Term Memory Enhancement in Humans", *Learning and Memory*, 18, 296.

Wolfe, T. 1999. *A Man in Full* (New York: Farrar, Straus & Giroux). [Edição brasileira: *Um homem por inteiro* (Rocco).]

Wood, A. C., Rijsdijk, F., Asherson, P., & Kuntsi, J. 2011. "Inferring Causation from Cross-Sectional Data: Examination of the Causal Relationship Between

Hyperactivity-Impulsivity and Novelty Seeking", *Frontiers in Genetics*, 2, artigo 6, 1.

Wootton, D. 2015. *The Invention of Science: A New History of the Scientific Revolution* (Nova York: HarperCollins).

Wrangham, R. W. 2010. *Catching Fire: How Cooking Made Us Human* (New York: Basic Books). [Edição brasileira: *Pegando fogo: por que cozinhar nos tornou humanos* (Jorge Zahar).]

Wundt, W.M. 1874. *Grundzüge der Physiologischen Psychologie* (Leipzig: Engelmann).

Yousafzai, M. & Lamb, C. 2015. *I Am Malala: The Girl Who Stood Up for Education and Was Shot by the Taliban* (Boston: Little, Brown). [Edição brasileira: *Eu sou Malala: a história da garota que defendeu o direito pela educação e foi baleada pelo talibã* (Seguinte).]

Zeldin, T. 1996. *An Intimate History of Humanity* (London: Sinclair-Stevenson). [Edição brasileira: *Uma história íntima da humanidade* (Record).]

Zhou, C., Wang, K., Fan, D., Wu, C., Lin, D., Lin, Y., & Wang, E. 2015. "An Enzyme-Free and DNA-Based Feynman Gate for Logically Reversible Operation", *Chem. Commun.* 28, 51(51); 10284.

Zöllner, F. 2007. *Leonardo da Vinci: The Complete Paintings and Drawings* (Köln: Taschen).

Zubov, V. P. 1968. *Leonardo da Vinci*, trad. D. H. Kraus (Cambridge, MA: Harvard University Press).

Zuckerman, M. 1984. "Sensation Seeking: A Comparative Approach to a Human Trait", *Behavioral Brain Science*, 7, 413.

Zuckerman, M., Eysenck, S. B. G., & Eysenck, H. J. 1978. "Sensation Seeking in England and America: Cross-Cultural, Age, and Sex Comparisons", *Journal of Consulting and Clinical Psychology*, 46, 139.

Zuckerman, M. & Litle, P. 1985. "Personality and Curiosity about Morbid and Sexual Events", *Personality and Individual Differences*, 7(1), 49.

Zuss, M. 2012. *The Practice of Theoretical Curiosity* (Dordrecht: Springer).

Índice

A

"A Mulher de Ló" (formação rochosa), 176
abertura à experiência, 90
abertura, 173
Academia, 34
Acrópole, 177
Adão, 175
Afeganistão, 181-182
África do Sul, 135, 139
"After Reading a Child's Guide to Modern Physics" (Auden), 56
Agência de Segurança Nacional (NSA), 195
Agência Espacial Europeia, 155
Aglauros, 177
Agostinho, Santo, 176
agricultura, 139
Aiello, Leslie, 137
Alderman, Pamela, 132
Alemanha nazista, 181, 182
Alemanha, 135
Alexander, David, 119
Allman, John, 136

Amazon, 195
América do Sul, 178
amígdala, 15
Anathomia (Mondino de Luzzi), 36
anatomia, 39, 62
Ancient of Days (Blake), 51
Anderson, Brian, 114
ansiedade, 88
aposta, 122
aprendizagem, 125, 129
área de Broca, 146
Aristóteles, 194, 218n10
Aritmética (Diofanto), 198
armas de destruição em massa, 79
Armstrong, Neil, 68
"Art of Fiction, The" (Besant), 193
Arte Degenerada, exibição, 181
Asbury, Kathryn, 172
"Ask Marilyn", coluna, 158
astrofísica, 56
Atena, 177
atenção, 93-94, 106
  dos bebês, 97-98
átrio (coração), 36

Auden, W. H., 56
Australopithecus afarensis, 132
autoconsciência, 153
Avicena, 36, 37, 39
axônios, 126

B

Baba Yaga, 180
babuínos, 127
Bacon, Francis, 140
Batman: o cavaleiro das trevas ressurge (filme), 68
BBC, 182
Beatles, 132
bebês, 95-98, 101
Beckett, Samuel, 193
Beckmann, Max, 181
Bee Gees, 161
bela adormecida, A (Irmãos Grimm), 180
Benci, Ginevra de', 32
Berlyne, Daniel, 15-17, 69, 70-71, 73, 81-83, 88, 207n7
Berra, Yogi, 69
Berridge, Kent, 184
Besant, Walter, 193
Bíblia hebraica, 61
Bíblia, 175
Biblioteca Pública de Jaffna, 182
Bidder, George Parker, 200n9
Biederman, Irving, 19
Bigley, Ken, 17
biologia, 55
Birkbeck, Universidade de Londres, 210n15
bisbilhotice, 17
bisbilhotice, 195
Blake, William, 50-51
Blanchard, Tommy, 115-116

Bonawitz, Elizabeth, 98, 99
bonobos, 132
Bórgias, 30
Bouchard, Thomas, 172, 173-174
Brace, C. Loring, 136, 213n17
Brasil, 166
Breaking Bad (série de TV), 68
Bridie, James, 176, 216n7
Bromberg-Martin, Ethan, 115-116
Brown, Dan, 74
Browne, Thomas, 178
Budas de Bamiyan, 181-182
busca por novidades, 43, 44, 69, 145

C

caça, 134
Califórnia, Universidade da:
    em Berkeley, 139
    em Davis, 112
    em Irvine, 52
Caltech, 50, 52, 55, 58, 104, 136, 205n15
Cambridge, Universidade de 42, 150
Camerer, Colin, 104
cânone da medicina, O (Avicena), 36
capacidade negativa, 77
Carnegie Mellon, 72
Carolina do Norte, Universidade de, 65
Casanova, Giacomo, 171
castelo de Cloux, 62
causa e efeito, 21
caverna Blombos, 139
caverna de Qesem, 136
caverna de Tabun, 135
caverna Wonderwerk, 135
celebridades, 68-69
Cellini, Benvenuto, 62

cenário do processo excitação apropriada/ dual, 87-88
cenas que deixam em estado de suspense, 75
Centro Para o Estudo do Risco Existencial, 150
cerebelo, 127
cérebro social, 194
cérebro, 135-136
  efeito da curiosidade sobre, 103-124
  consumo de energia do, 130-131
  ressonância magnética funcional do, 103
  aumento do tamanho do, 133-134, 136
  número de neurônios no, 126-128, 135, 136
  reação à surpresa e ao medo, 15
  percepção do tempo, 47
  ver também regiões do cérebro
Chagall, Marc, 181
Challenger, ônibus espacial, desastre do, 21
Chesowanja, 135
Chicago, Universidade de, 22
Child Mind Institute, 43
chimpanzés, 128-129, 132
China, 35
Chomsky, Noam, 138-139, 145-146, 157, 213n21
Chopin, Kate, 13-15
Christie, Agatha, 74
Church, George, 163
cibercondria, 43
Cícero, 20
Cinco Grandes atributos da personalidade, 90-91, 173
Clark, Dick, 69
Clark, Kenneth, 21
Cleveland Cavaliers, 73

Códice Atlântico (Leonardo da Vinci), 53
Códice Madrid I (Leonardo), 202n28
Collins, Bradley, 44
cometa 67P/Churyumov-Gerasimenko, 155
cometa Shoemaker-Levy 18-22
complexidade, 41, 70-71, 88
comportamento exploratório, 91-92, 117, 120-121, 180
comportamento orientado por objetivos, 94
comunistas judeus, 181
comunistas, 181
Conflict, Arousal and Curiosity (Berlyne), 70
conflito, 70-71
conhecimento social, 138
consciência, 65-66, 153
conto de duas cidades, Um (Dickens), 61
contos de fadas, 180
Copa do Mundo, 73
Copenhague, 183
Copérnico, 140
coração humano, *35-37, 89*
corpo estriado, 125, 136
córtex cerebral, 15, 94, 125, 126, 127, 128, 136
córtex frontal orbital (OFC), área 13 do, 115-16
córtex pré-frontal (PFC), 104, 106
Cosmos (Humboldt), 179
crianças, 67, 95-101, 120, 123, 152, 167, 187
  experiência do equilíbrio de blocos e, 99-101
criatividade, 123, 139, 143, 166
Criminal Law Act (1967; R.U.), 195
Cristianismo, 152

Crock of Gold, The (Stephens), 183
Csikszentmihalyi, Mihaly, 22, 41-42, 168, 216*n*28
culinária, 134-137, 147
cultura simbólica, 138
curiosidade diversa, 16, 43, 69, 101, 159, 187
curiosidade empática, 14, 17
curiosidade epistemológica, 15-17, 20, 69, 70, 71, 76, 89-90, 92-93, 101, 104-107, 109, 113, 121, 125, 145, 159, 186, 187, 188, 193, 197
curiosidade específica, 16, 69, 76, 104, 109
   teoria da lacuna da informação e, 72
   nível de intensidade na, 17
curiosidade mórbida, 17, 194
curiosidade perceptiva, 15, 69, 70, 71, 90, 101, 107-109, 121, 153, 159, 186
curiosidade, *19, 42,* 67
   TDAH e, 43-44
   e o envelhecimento, 101, 145
   ansiedade como motivação para, 88
   impulsos biológicos vs., 75
   regiões do cérebro envolvidas na, 90
   causas da, 73-74
   em crianças, 21, 95-101, 120
   no trabalho de Chopin, 13-15
   computadores e, 196-197
   criatividade e, 41-42
   definição da, 66
   geral, 16, 44, 69, 101, 159, 187
   natureza igualitária da, 179
   Einstein sobre, 141
   epistemológica, *ver* curiosidade epistemológica
   evolução, 125-140, 171
   excitação e apreensão na, 40
   família de mecanismos na, 89-101, 109-110
   medo e, 181-184
   hereditariedade e, 172-175
   e motivação humana, 65-66
   diferenças individuais na, 89-90, 121
   níveis individuais de, 171-172
   teoria da lacuna da informação e, 72-79
   e capacidade de processamento de informações, 63
   características inerentes da, 20
   intrinsecamente gratificante, 87-101
   níveis de intensidade na, 17
   modelo de Litman para, 89-90, 109
   principais objetivos, 67
   e a memória, 112-116
   formas negativas de, 194-195
   detalhes neurofisiológicos da, 103-124
   perceptiva, 15, 69, 70, 90, 101, 107-109, 121, 153, 159, 186
   poder da, 19-20
   reavaliações da, 194
   e recompensa, 82-84, 111-116
   estímulo da, 184-189
   supressão da, 175-184
   tópicos que provocam, 65-71
   tipos, 15-17, 69-70
   ubiquidade da, 63
   problema dos "desconhecidos desconhecidos" na, 79-85
   como ânsia por conhecimento, 30
Curiosity (rover), 140
Cyrus, Miley, 69
danos cerebrais, 63

D

Darwin, Charles, 22, 38, 42, 75
Davenport, Marcia, 159
de Beatis, Antonio, 62

de Luzzi, Mondino, 36, 37
Dehaene, Stanislas, 129, 146
dendritos, 126
Dennett, Daniel, 65
depressão, 63, 172
Descartes, René, 140, 178
"desconhecidos conhecidos", 79-81, 85
"desconhecidos desconhecidos", problema, 79-85, 158
deserto do Kalahari, 135
Dewey, John, 78, 87
"Diableries" (série de fotografias), 156
Dicke, Ursula, 128
Diderot, Denis, 140
dinossauros, 160-161
dislexia, 161
dissecação, 39
distração, 44
distúrbio do colapso das colônias de abelhas, 68
dopamina, 44, 113, 184
Dunbar, Robin, 137-138
Dunphy-Lelii, Sarah, 128
Dyson, Freeman, 55, 141-143, 157, 160, 169, 182

E

Eclesiastes, Livro canônico do, 176
Eddington, Arthur, 57, 205n25
efeitos do controle volitivo sobre, 117
Einstein, Albert, 16, 22, 40, 55, 141, 174
eletrodinâmica quântica, 141
elétrons, 54
Emberson, Lauren, 74
empatia, 194

Enciclopédia Britânica, 60
energia escura, 75
Erasmo de Roterdã, 177
Erictônio, 177
Ernst, Max, 181
erros de previsão, 93
Esperando Godot (Beckett), 193
esportes, 67, 69
estereografia, 155, 156
estética, 70
estrelas, 56-57
Estudo de Minnesota com Gêmeos Criados Separadamente (MISTRA), 172-173
Estudo do Desenvolvimento Inicial dos Gêmeos, 172-173
estudos com gêmeos, 172-173
Etiópia, 21, 132
Europa, 140
Eva, 175, 176, 177
evidência confusa, 68, 69, 71, 98
evolução, teoria da, 75-76
experimentação, 32-33
extroversão, 90

F

Facebook, 68, 195
Faraday, Michael, 38
Fausto (Goethe), 179
Fermat, Pierre de, 197
Fermi, Enrico, 22
Fermi, paradoxo de, 158
ferramentas, 133
Feynman, diagramas de, 53-54
Feynman, Joan, 52, 61, 63, 206n34

Feynman, Richard, 21, 45, 47-49, 49-63, 78, 87, 90, 141, 143, 160, 166, 179, 184-187, 204n3, 205n15, 205n16
   arte de, 50
   abrangência dos interesses de, 55-59
   últimos dias, 62
   sobre a poesia, 57
   sobre a psicologia, 58
   esboços de, 53
   sobre a escrita, 59-61
FIFA, Copa do Mundo da, 69
física, 55
flexágonos, 48
Florença, 26
fluxos turbulentos, 57
Flynn, James, 215n18
fofoca, 69, 138
fogo, 135-136, 137
fome, 89
força de vontade, 116-120
força eletromagnética, 54
força nuclear fraca, 48
Foucault, Michel, 20, 200n15
França, 62
France, Anatole, 188
Francisco I, rei da França, 62
Freud, Sigmund, 41

G

gabinetes de curiosidades, 179
Galbraith, Robert, 74
Galeno de Pérgamo, 35-36, 37
Galileu Galilei, 30, 32, 34, 38, 140
Galluzzi, Paolo, 53, 60
Gell-Mann, Murray, 58
Gelman, Bernard, 112
Genebra, 147

Gênesis, Livro do, 176
gênio, dois tipos de, 44-45
geologia, 57
geometria, 33-34
Gianotti, Claudio, 149
Gianotti, Fabiola, 146-150, 153, 157, 160, 163, 165, 168
Gibb, Barry, Robin e Maurice, 161
Gilbert, Daniel, 77
Giovio, Paolo, 27-28
giro frontal inferior (GFI), 129, 146
giro, 126
Goethe, Johann Wolfgang von, 179
Golden State Warriors, 73
Gomorra, 176
Goodstein, David, 205n15
Goodstein, Judith, 205n15
Google, 17, 68, 195
Gottlieb, Jacqueline, 90, 92-95, 98, 109, 121, 122, 149, 168, 196
Grande Colisor de Hádrons, 147, 148
Grécia Antiga, 181
Gruber, Matthias, 112-114, 116
Guerra do Iraque, 79

H

H. habilis, 133
H. heidelbergensis, 134
H. sapiens, 21, 134, 137, 139
Hadar, 132
Harvard, Universidade de, 96
Harvey, William, 37, 140
Hawking, Stephen, 151
Hayden, Benjamin, 66, 115-116
Heidegger, Martin, 160
Herculano-Houzel, Suzana, 127-128, 130, 131, 135

Índice

Herse, 177
Higgs, bóson de, 147, 148, 157
Higgs, Peter, 214$n12$
hipocampo, 108, 114, 118
história, 67
Hitchcock, Alfred, 74
Hobbes, Thomas, 16, 116, 199$n6$
hobbies, 68
Holanda, 107
homem por inteiro, Um (Wolfe), 193
Homo erectus, 134, 135, 136
Hora final (Livio), 151
Horner, John "Jack", 160-163, 167, 169
Houston, Whitney, 69
Houtermans, Fritz, 57, 205$n25$
Hubble, telescópio espacial, 18, 143-144
Human Evolution (Dunbar), 137
humanos, como eternamente curiosos, 19-21
Humboldt, Alexander von, 178
Humboldt, Wilhelm, 179
Hume, David, 140

I

I-curiosidade, 89, 109
Idade Média, 36, 140, 198
Ilha de Amrum, 17
Illinois, Universidade de, 117
Imperial College, Londres, 154, 155
Impressão, nascer do sol (Monet), 61
incerteza, 70-71, 72-73, 75, 84, 87-88, 89, 91, 98, 104, 121
    como algo agradável, 76-78
incidental, 108, 186
indagação, 85, 89, 165, 178, 185
informação incidental, 114

infovoros, 19, 101
Inglaterra, 193
Instagram, 68, 69, 78
Institut National de Recherche en Informatique et en Automatique, 90
Institute for Human and Machine Cognition, 89
inteligência artificial, 152-153, 197
inteligência, 128, 157, 173
interesse investigativo, 173
interesses psicológicos, 173
internet, 69, 196-197
interpretação da linguagem, 122
intolerância, 69
intuição física, 55
Iraque, 71, 79
Irlanda, 17
Irmãos Grimm, 180
Israel, 135, 176

J

James, Henry, 193
James, William, 72, 207$n11$
Jardim do Éden, 175
Jardim Gramacho, aterro sanitário do, 164, 167
Jbabdi, Saad, 122
Jeopardy (programa de TV), 66
Jepma, Maricke, 107-112, 116, 118, 120
Jesus Cristo, 28
jet lag [confusão causada pela mudança de fuso horário], 48
João e Maria (Irmãos Grimm), 180
Jogos Olímpicos, 43
Jogos vorazes (filme), 68
Johanson, Donald, 132

Johnson, Samuel, 167
Joyce, James, 92
judaísmo, 152
Jung, Carl, 194
Júpiter, 18-19, 22, 56
Jurassik Park, 160

K

Kaas, Jon, 127
Kac, Mark, 44-45
Kandinsky, Wassily, 181
Kang, Min Jeong, 104-107, 109, 110, 112, 113, 116, 120
Kant, Immanuel, 16, 194
Kaplan, Frederic, 121
Kardashian, Kim, 69, 78
Keaton, Buster, 166
Keats, John, 50, 77, 204*n11*, 208*n24*
Kenny, Neil, 178
Kidd, Celeste, 66, 90, 97-98, 109, 121, 123
Kindt, Aris, 19
King's College, Londres, 43, 172
Kinzler, Katherine, 96
Kirchner, Ernst Ludwig, 181
Klee, Paul, 181
Kokoschka, Oskar, 181
Konečni, Vladimir, 71
Koobi Fora, 135
Kuntsi, Jonna, 43, 44

L

Lamb, Charles, 14
"Lamia" (Keats), 204*n11*
Leão X, papa, 28, 201*n7*
Lederman, Leon, 214*n12*
LeDoux, Joseph, 15, 84
Leiden, Universidade de, 107
leitura, 122
"Leonardo and Those He Did Not Read" (Santillana), 27
Leonardo da Vinci, 21, 22, 25-42, 43-44, 45, 48, 49, 50, 53, 54, 55, 59, 60, 62-63, 87, 89, 90, 143, 149, 162, 166, 179, 183, 187, 198, 201*n2*, 201*n7*, 201*n10*, 202*n28*, 203*n38*, 203*n39*
  anatomia estudada por, 35-38, 39
  abrangência dos interesses de, 29-30
  morte, 62
  educação inicial, 26
  quatro "poderes" da natureza, 33, 37
  geometria e, 33-34
  incapacidade de concluir projetos, 28, 41
  biblioteca de, 27
  relação entre ciência e arte, ponto de vista de, 27
  escrita espelhada, 39, 59-60
  desenhos nos cadernos de, 31
  sentimentos pessoais não revelados, 28
  personalidade, 39, 41, 42
  cadernos pessoais, 29-30, 33, 36
  possível TDAH, 43
  reconhecimento das leis da natureza por, 31-35
  estudos abandonados por, 26-27
  Vasari sobre, 25-26
Leonardo, Psychoanalysis, and Art History (Collins), 44
Leuven, Universidade de, 119
Leviatã (Hobbes), 199*n6*
Levy, David, 18
Líbano, 182
lição de anatomia do dr. Tulp, A (Rembrandt), 19

Lições da física (Feynman), 55
língua gaélica, 17
linguagem, 124, 129, 136, 146, 174
Litman, Jordan, 89, 109, 209n3
Liverpool John Moores University, 154, 155
Livro Guinness dos recordes, 157
Lixo extraordinário (filme), 164-165
Ló, 176
Locke, John, 38, 140
Loewenstein, George, 72-74, 83, 87-88
lógica, 123
Los Angeles Times, 56
Louisiana, Universidade de, em Lafayette, 128
Lucy (*Australopithecus*), 20, 132-33
"Lucy in the Sky with Diamonds" (música), 132
Luís de Aragão, 62
luz das velas, 53
luz, propagação, 33

M

macacos reso, 129
MacArthur, Fundação, 160
Magnetic Field of the Sun, The (Feynman), 50
mamute, 163
Mandela, Nelson, 69
Manzoni, Claudia, 156
máquinas de movimento perpétuo, 39
massa do corpo, 132-134
mastigação, tempo dedicado à, 136
matemática, 33-34
matrizes progressivas de Raven, 173
May, Brian, 153-157, 165, 168-69

McAlpine-Myers, Kathleen, 52
McMurrich, James Playfair, 35
mecânica quântica, 55
mecânica, 38-39
Mednick, Sarnoff, 123
medo, 15, 83, 84, 181-184
Mega, teste de inteligência, 157
"meiálogos", 74
memória incidental, 108, 186
memória, 106, 111, 112-116, 122, 123
Memórias (Casanova), 171
Mênon (Platão), 79, 80
mensagem na garrafa, 17
mente aberta, 67, 68
Metamorfoses (Ovídio), 165
meteorologia, 57, 71
método científico, 119
Michigan, Universidade de, 137, 184
Middleton, Kate, 69
Milham, Michael, 43, 44
Mingora, 182
Minnesota, Universidade de, 172
Missão New Horizons, 154, 156
mistérios envolvendo assassinatos, 74
MIT, 68, 94, 98
  Early Childhood Cognition Lab at, 95
mitologia grega, 177
Mona Lisa (Leonardo), 28
Mondino de Luzzi, 36, 37
Monet, Claude, 61
Montaigne, Michel de, 21
Montana, Universidade de, 161
Moore, Patrick, 155
motivação intrínseca baseada na competência, 93
motivação intrínseca baseada no conhecimento, 93

movimento:
  primeira lei, 78
  terceira lei, 35
Mozart, Wolfgang Amadeus, 174
multiverso, 148
Munique, 181
Muniz, Vik, 164-167, 169
Murray, J. Clark, 87
Museu de Cabul, 182
Muséum National d'Histoire Naturelle, 132
Musgrave, Story, 143, 144-145, 157, 168-169

N

Nabokov, Vladimir, 183
Nanobíblia, 61
nanotecnologia, 61
NASA, 140, 143, 154
natureza versus criação, 67
Nay, Ernst Wilhelm, 181
NBA, finais da (2016), 73
Neckam, Alexander, 177
neoplatônicos, 33
Neue Galerie, 217n21
neurociência, 66
neurônios, 126, 130, 136
  número de, 126-128, 132, 133, 134, 135
neuroticismo, 90
neurotransmissores, 113, 126
neutrino, 54
nêutrons, 54
New York Review of Books, 142
Newman, Tom, 61
Newton (Blake), 50
Newton, Isaac, 22, 32, 35, 38, 40, 51, 78, 140, 156

Nobel, Prêmio, 52, 56, 168
Nolde, Emil, 181
Nova York, N.Y., 17
Nova York, Universidade de, 15, 18
novidade, 70, 76, 87, 88, 92, 101, 107, 121
núcleo accumbens, 105, 184
núcleo caudado 104, 106
Nunberg, Herman, 30

O

orangotangos, 127
Organização Europeia Para a Pesquisa Nuclear (CERN), 147
Orgel, Leslie, 142
Oudeyer, Pierre-Yves, 90, 109, 121, 123
Ovídio, 165
Oxford, Universidade de, 122, 137, 183

P

Pacioli, Luca, 34
País de Gales, 150
paleontologia, 161
Pandora, 177
Paquistão, 182
Parade Magazine, 157
paradoxo da folha de chá, 150
paradoxo de Mênon, 80
Paris, 132
Parkinson, mal de, 48
Parque Nacional de Yellowstone, 83
Particle Fever (filme), 214n12
P-curiosidade, 89, 109
Pedretti, Carlo, 31
Pegando fogo (Wrangham), 135
pensamento abstrato, 91, 123, 129, 139, 146, 171

personalidade criativa, 41-42
Picasso, Pablo, 168
Pictures of Ink (Muniz), 166
pigmentos vermelhos de ocre, 139
Pinochet, Augusto, 182
planetas, 76
Platão, 33, 34, 79, 80
Plomin, Robert, 172
Plutão, 154, 156, 159
Povinelli, Daniel, 128
Power, Camilla, 139
pragmatismo, 78
prazer, 84
Prêmio Crafoord de Astronomia, 150
previsão, 121
Prigogine, Ilya, 168
primatas, 128
  massa do cérebro dos, 128
Primeira Revolução Agrícola, 139
Princeton, Universidade de, 47, 204n3
proporção, 34
psicologia, 58, 63
Psychological Abstracts, 70

Q

Quadrienal U-Turn de Arte Contemporânea, exposição, 183
Quakers, 205n25
Quanta Magazine, 169
Queen, 153
queima de livros, 182
Quênia, 135
química teórica, 55

R

ramificação, 31, 33
Ranganath, Charan, 112

Rappaport, Roy, 139
ratos, 127
Real Instituição, 193
Real Sociedade, 150, 152
realização, 90
recompensa, 111-116
Reconstruindo um Dinossauro, projeto, 163
Red Special (guitarra), 154
Rees, Martin, 150-153, 156, 157, 167, 168, 169, 188, 197
Reflex (Muniz), 165
Reino Unido, 195
religião, 123, 152, 175
Rembrandt, 19
Renascença italiana, 146
Renascimento holandês, 177
Renascimento, 26, 140, 149, 174, 177
"Reproducibility Project, The: Psychology" (study), 119, 211n17
Resistência Francesa, 193
ressonância magnética funcional, 103, 105, 118
revolução científica, 140, 174, 178, 183
Revolução Industrial, 61
Richard, Jocelyn, 184
Riefenstahl, Charlotte, 57
Rio de Janeiro, 164
Rochester, Universidade de, 66, 90, 97
"romance medieval, Um" (Twain), 191-192, 197
Rosetta, Missão, 155
Roth, Gerhard, 128
Rowan-Robinson, Michael, 155
Rowling, J. K., 74
Royal Collection, 31
Ruggeri, Azzurra, 210n18
Rumsfeld, Donald, 79
Rússia, 178

S

Sacks, Oliver, 69, 143
saguis, 128
Santillana, Giorgio de, 27
São Bernardo de Claraval, 176
São Paulo, 164
Schöningen, 135
Schubert, Franz, 149
Schulz, Laura, 68, 95-96, 98, 99
Sciama, Dennis, 151
Scientist as Rebel, The (Dyson), 143
Segunda Guerra Mundial, 68, 193
seleção natural, 75
Sêmele, 177
senhor está brincando, sr. Feynman, O (Feynman), 51
sensação de conhecimento, 73-74
séries de ação
Shakespeare, William, 174
Shevlin, Ed, 17
Shoemaker, Carolyn e Eugene, 18
Shoemaker-Levy 9 (cometa), 18, 22
Shutts, Kristin, 96
Sibéria, 178
Silvia, Paul, 65
sinapse, 126
Singapura, Universidade de Tecnologia e Design de, 61
sistema circulatório, 35-38
sistema de recompensa positiva, 83-84
sistema nervoso simpático, 15
Smith, Louis, 43
Snowden, Edward, 195
socialização, 90
Sociedade Linguística de Paris, 138
Sócrates, 71, 80-81
Sodoma, 176
Spelke, Elizabeth, 96, 138
Spielberger, Charles, 65, 87-88
Sri Lanka, 182
Stanford, Universidade de, 61
Stanford-Binet, teste, 157
Star Wars: Episódio VII — O despertar da força (filme), 68
Starr, Laura, 65, 87-88
Steiner, Rudolf, 196
Stephens, James, 183
Stone, Arthur Harold, 204n3
"Story of an Hour, The" (Chopin), 13-15
Suíça, 147
sulcos, 126
superfluidez, 48
surgimento, 137-138
surpresa, 15, 68, 71, 107, 121, 186
Syracuse Post Standard, 202n19

T

tálamo, 15
Talibã, 181-182
Tâmil, 182
Tavor, Ido, 122
Taylor, Matt, 155
Taylor, Richard, 198
"Teach Your Children Well: Unhook Them from Technology" (artigo), 196
tecnologia, 195
tédio, 16, 107, 112
tempo, percepção do, 47-48
teoria da lacuna da informação, 72-79, 83-85, 87, 88, 108, 121
teoria de tudo, 58
teoria quântica da gravidade, 48
Terra, 17-19, 51, 57, 67, 104
testes de condicionamento, 97
Thatcher, Margaret, 69
tomada de decisão, 115, 122

Índice

Toronto, Universidade de, 35
Transtorno de Déficit de Atenção com Hiperatividade (TDAH), 21, 43-44
Trimble, Virginia, 52
Trinity College, Cambridge, 150
Tuckerman, Bryant, 204n3
Tukey, John, 204n3
Twain, Mark, 191-93, 197
Twitter, 70, 196

U

Ulisses (Joyce), 92
Ulisses, 20
Última Ceia, A (Leonardo), 28, 201n9
Unger, Roberto, 78
Universidade Columbia, 90
Universidade Cornell, 74, 141
Universidade do Sul da Flórida, 65
Universidade Johns Hopkins, 114
Universidade Sul da Califórnia, 19
Universidade Vanderbilt, 127

V

variedade, 76
Vasari, Giorgio, 25-26, 28, 66
Verrocchio, Andrea del, 26
Vesalius, Andreas, 35, 140
Via Láctea, galáxia, 104, 158
Vidas dos artistas (Vasari), 25
vigilância, 195
Vinci, 26
Vingadores, Os (filme), 68
Virgem e o menino com Santa Ana, A (Leonardo), 28
visualizações, 55
vos Savant, Marilyn, 157-159, 160, 162, 163, 168, 169

Voss, Joel, 117-118
vulcanismo, 57

W

Waldorf, programa de educação, 196
Wall Street Journal, 196
Wang, L., 129
Washington, Universidade de, 157
Wechsler, Escala de Inteligência Para Adultos, 173
Weiner, senhora Robert, 56
Wenner-Gren Foundation, 137
What Do You Care What Other People Think? (Feynman), 184-185
Wiki, 68
Wikipédia, 68, 69, 196
Wiles, Andrew, 198
Williams, Robin, 69
Wilson, Timothy, 77
Wimbledon, torneio de tênis, 77
Wolfe, Tom, 193
Wrangham, Richard, 135
Wundt, curva de, 81-85
Wundt, Wilhelm, 81-84, 208n31

Y

Yang, Joel, 61
Yantis, Steven, 114
Yousafzai, Malala, 182
YouTube, 68, 196

Z

Zeldin, Theodore, 179, 183
Zeus, 177
Zorthian, Jirayr "Jerry", 49-50, 52, 58
"zumbis", 153

Este livro foi composto na tipografia Minion
Pro, em corpo 11,5/15,5, e impresso em
papel off-white no Sistema Cameron da
Divisão Gráfica da Distribuidora Record.